PRÉCIS ÉLÉMENTAIRE

DE

SÉRICICULTURE PRATIQUE

MÛRIERS & VERS A SOIE

PRODUCTION

INDUSTRIE, COMMERCE DE LA SOIE

PAR

A. GOBIN

PROFESSEUR DE ZOOTECHNIE ET DE ZOOLOGIE
A L'ÉCOLE D'AGRICULTURE
DE MONTPELLIER

LIBRAIRIE AUDOT

DELAUS & Cie Succrs, Éditeurs

8 Rue GARANCIÈRE St SULPICE

PARIS

S

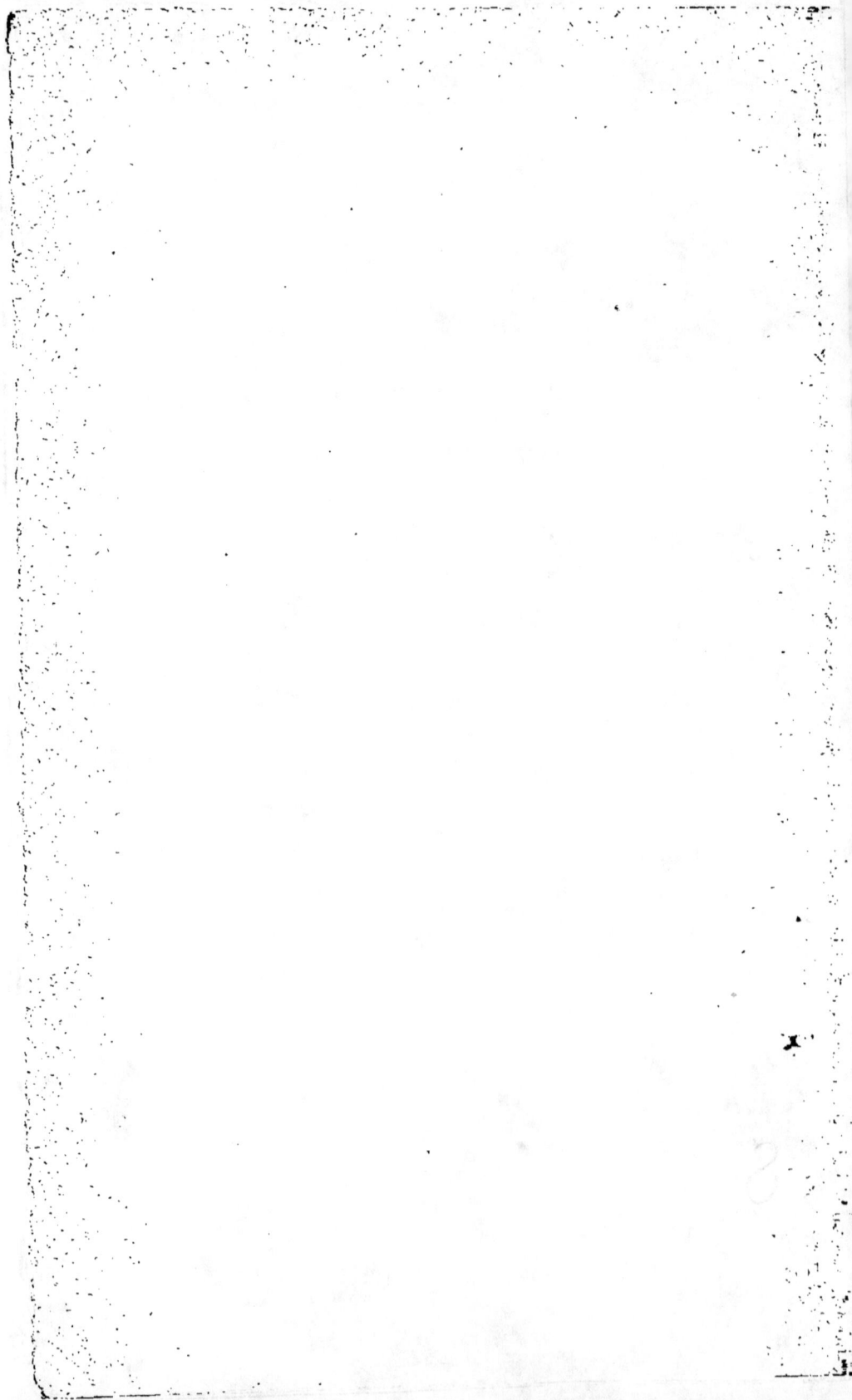

MURIERS & VERS A SOIE

27770

PARIS. TYPOGRAPHIE E. PLON ET Cⁱᵉ, 8, RUE GARANCIÈRE.

Magnanerie (1874).

PRÉCIS ÉLÉMENTAIRE

DE

SÉRICICULTURE PRATIQUE

MURIERS & VERS A SOIE

PRODUCTION, INDUSTRIE, COMMERCE DE LA SOIE

Par A. GOBIN

Professeur de zootechnie à l'École d'agriculture de Montpellier
Membre correspondant des Sociétés d'agriculture, sciences et belles-lettres d'Orléans
d'horticulture et d'acclimatation du Var, etc.

ILLUSTRÉ DE NOMBREUSES GRAVURES INTERCALÉES DANS LE TEXTE

Dessinées par H. GOBIN

PARIS

LIBRAIRIE AUDOT

NICLAUS ET Cⁱᵉ, SUCCESSEURS

8, RUE GARANCIÈRE

1874

Tous droits réservés

AVERTISSEMENT

Depuis plus de vingt ans, un fléau terrible a atteint la sériciculture de la France et on peut presque dire aujourd'hui du monde entier, causant des pertes qui peuvent se compter par milliards. Comme la plupart des épidémies pourtant, celle-ci, après avoir épuisé sa fureur, paraît entrer dans une voie décroissante ; la science, en outre, la science que l'on invoque rarement en vain dans les grandes calamités ou dans les extrêmes besoins, est venue aussitôt à l'aide de nos éleveurs, qui, grâce à ses indications, peuvent désormais reprendre avec une sécurité croissante la lucrative industrie qu'ils avaient presque dû abandonner.

Le moment nous a paru opportun pour offrir au public un résumé aussi clair, précis, complet et pratique que nous l'avons pu, des connaissances actuelles relativement à l'anatomie, la physiologie et l'éducation du précieux insecte; d'indiquer aux éleveurs les précautions hygiéniques plus que jamais indispensables à une réussite régulière, les procédés scientifiques nécessaires à la régénération de nos races de vers à soie domestiques.

Nous avons moins cherché, dans ce travail, à exposer les phases progressives qu'a traversées la sériciculture, les améliorations qu'ont apportées à sa pratique les d'Arcet, les Bonafous, les Puvis, les Loiseleur Deslonchamps, les Camille Beauvais, les Amanz Carrier, les Gasparin, etc.; qu'à présenter les notions à la fois les plus récentes et les plus certaines, les dernières études scientifiques et pratiques, dues surtout à un savant zélé et regrettable, qui nous paraît avoir complété et résumé, dans ses nombreux travaux, l'ensemble de l'industrie séricicole.

Aussi, le lecteur ne s'étonnera-t-il pas de nous voir citer souvent M. Robinet, l'ancien directeur de la Magnanerie centrale de Poitiers, l'ancien professeur du cours sur l'industrie de la soie au Conservatoire, le savant laborieux et le praticien habile; M. Pasteur, l'investigateur aussi persévérant que zélé, le dévouement incarné dans la science, l'audacieux et patient découvreur. Nous n'aurions su trouver autorités plus indiscutablement compétentes à tous égards.

LE VER A SOIE

PREMIÈRE PARTIE

HISTOIRE NATURELLE DU VER ET DU MÛRIER

CHAPITRE PREMIER.

HISTORIQUE DU VER A SOIE.

On donne vulgairement le nom de *Ver à soie* à la larve ou chenille d'un papillon nocturne classé par Linnée dans ses Phalènes Bombyces ; par Latreille dans son genre Bombyce (*Bombyx du mûrier*, *Bombyx mori*), et dont les naturalistes modernes ont fait le type du genre Séricaire (*Sericaria Mori*).

Le *Bombyx* ou *Séricaire du mûrier* est originaire de l'Asie orientale, où il a été domestiqué dès la plus haute antiquité.

D'après M. Stanislas Julien, le savant sinologue, les chroniques chinoises rapportent que : « La femme légitime de l'empereur Hoang-Ti (2,650 ans avant

Jésus-Christ) commença à élever des vers à soie. Ce
grand prince voulut aussi que Si-Ling-chi (d'autres
l'appellent Loui-tsee), cette épouse, contribuât au
bonheur de ses peuples. Il la chargea d'examiner les
vers à soie et d'essayer d'utiliser leurs fils. Si-Ling-
chi fit ramasser une grande quantité de ces insectes,
qu'elle voulut nourrir elle-même dans un lieu qu'elle
destina uniquement à cet usage; elle trouva non-
seulement la façon de les élever, mais encore la manière de dévider leur soie et de l'employer à faire
des vêtements. » (*Résumé des principaux Traités
chinois sur,* etc., p. 67.) En reconnaissance de ce
bienfait, Si-Ling-chi fut placée au nombre des divi-
nités, sous le nom d'Esprit des mûriers et des vers
à soie.

D'après M. de Quatrefages, « les annales chinoises attribuent à l'empereur Fou-hi (3,400 ans
avant notre ère) le mérite d'avoir employé la soie
pour un instrument de musique de son invention.
Cette date nous reporte à 5,265 ans en arrière ; mais
à cette époque on se bornait, paraît-il, à employer
la soie des chenilles sauvages, et à la filer à l'état
de bourre ou de filoselle. On ne savait encore ni élever les vers en domesticité, ni dévider les cocons.
Cette double industrie paraît avoir été créée 2,650 ans
avant notre ère (il y a donc 4,515 ans), par une Im-
pératrice nommée Si-Ling-chi. On lui attribue aussi
l'invention des étoffes de soie. » (*Le ver à soie et la
sériciculture-conférence,* 1861.)

Le *Chou-King* (vers 2,200 ans avant Jésus-Christ)
mentionne des plantations de mûriers en Chine. En

1,078 ans avant Jésus-Christ, l'empereur Kang-vang fit faire de nouvelles plantations et encouragea l'industrie séricicole, en fondant des manufactures pour le tissage de la soie.

Devenus habiles dans l'élevage du ver et dans le tissage de son fil, en un mot, dans l'industrie de Si-Ling-chi, industrie qui fut longtemps l'une des principales sources de leur prospérité, les Chinois voulurent s'en assurer le monopole; ils établirent autour de l'Empire une ligne de gardes chargés d'empêcher la sortie des graines de vers à soie, des graines et des plants de mûriers : il y avait peine de mort pour ceux qui enfreindraient la défense. Elle fut bravée (vers 140 avant Jésus-Christ) par une princesse de la dynastie des Han : fiancée à un roi du Khotan (Asie centrale), et apprenant qu'il n'y avait ni mûriers ni vers à soie dans son futur Empire, elle n'hésita pas, en approchant des frontières de la Chine, à cacher dans ses cheveux des graines de mûrier et des œufs de vers à soie, qu'elle établit heureusement dans sa nouvelle patrie. De la Chine, le ver à soie se répandit peu à peu, mais on ignore à quelles époques, au Japon, dans l'Inde et en Tartarie.

Quant à l'Europe, il semble résulter d'un passage d'Aristote que, dès le quatrième siècle avant notre ère, il arrivait de l'Asie centrale à Céos, l'une des Cyclades, de la soie grége qu'une femme nommée Pamphila, fille de Lato, aurait été la première à savoir tisser. Les habitants de cette île s'emparèrent de cette industrie et fabriquaient des gazes légères

(*coa vestis*) que recherchaient avec tant d'ardeur les
dames romaines de la fin de la République et des
premiers temps de l'Empire. Un peu plus tard, les
conquêtes romaines dans le pays des Parthes ayant
ouvert une route pour le transport en Italie des productions de l'Asie centrale, que l'on désignait alors
sous le nom de Pays des Sères, les tisseurs de Céos
perdirent leur ancienne vogue et furent remplacés
par ceux de l'Orient.

Suivant d'autres, au temps de Pausanias (170 ans
après Jésus-Christ), c'était de la Sérique, contrée
de l'Inde, au delà du Gange, que l'Italie tirait la
soie, nommée, à cause de cela, Sericum. Pendant
longtemps on ignora l'origine de ce fil, souvent attribué à de gigantesques araignées ou regardé comme
une matière végétale analogue au coton. Chez les
Romains, Héliogabale fut le premier empereur qui
se vêtit d'habits de soie pure ; César fut le premier
qui fit tendre au-dessus du Cirque d'immenses voiles
de soie de Sères (*Velum Sericum*) ; enfin, on sait
que l'empereur Aurélien refusa d'acheter à sa femme
une robe de soie, répugnant à donner tant d'or pour
un peu de fil.

Qu'étaient les Sères et où se trouvait leur pays ?
On ne le sait pas positivement ; mais on s'accorde à
penser que c'était un peuple de la petite Bukarie
moderne. « La ville de Tarfan, au pied des monts
Thian-chan (Tartarie, empire chinois), fut longtemps, dit Latreille, le rendez-vous des caravanes
venant de l'Ouest, et l'entrepôt principal des soieries de la Chine. Elle était la métropole des Sères

de l'Asie supérieure ou de la Sérique de Ptolémée. Expulsés de leur patrie par les Huns, les Sères s'établirent dans la grande Bucharie et dans l'Inde. C'est donc de leurs colonies, du Ser-Hend, que des missionnaires grecs apportèrent les œufs du ver à soie. Les anciens tiraient aussi des soieries des royaumes de Pégu et d'Ava, habités par les Sères orientaux. » (*Règne animal*, t. V, p. 402, 2e édit.).

Il est à remarquer aussi que Pline, répétant sur les tissus de soie ce qu'avait déjà dit Aristote, ajoute, après avoir parlé des abeilles maçonnes : « D'autres Bombyces ont une origine différente. Ils proviennent d'un gros ver armé de deux cornes de la même substance que le reste du corps. Ce ver devient d'abord chenille, puis bombyce, enfin nécydale [1]; et cela, dans l'espace de six mois. Les Bombyces ourdissent, à la manière des araignées, une toile qui, sous le nom de Bombycine (*Bombycina*), s'emploie pour l'habillement et la parure des femmes... On dit que l'île de Cos produit aussi des Bombyces. S'il faut croire ce qu'on rapporte, la chaleur de la terre anime et vivifie les fleurs que les pluies ont fait tomber du cyprès, du térébinthe, du frêne et du chêne. Il se forme d'abord de petits papillons tout nus; bientôt ils se couvrent de poils qui les défendent du

---

[1] L'un des commentateurs de Pline, Hardouin pense que le Bombyce est la chenille dans l'état de chrysalide, et que le Nécydale est l'insecte né de nouveau de lui-même, né du Bombyce qui était comme mort (necus, mort). Selon Brottier, le Bombyx (Bombilis) serait le ver qui file, et le Nécydale, la chrysalide ou le papillon qui en sort.

froid; ils se composent eux-mêmes de tuniques
épaisses pour l'hiver : ils arrachent le duvet des
feuilles qu'ils grattent avec leurs pieds; puis rassem-
blant ce duvet en un tas, ils le cardent avec leurs
ongles, le traînent sur les branches, en forment
une espèce de filasse; après quoi ils saisissent les
brins, les roulent autour d'eux et s'enveloppent
tout entiers. C'est dans cet état que les habitants les
emportent. On les dépose dans des vases de terre
où ils sont entretenus par une chaleur douce, et on
les nourrit avec du son ; il leur pousse des ailes
d'une espèce particulière; alors on leur rend la liberté pour qu'ils aillent commencer d'autres travaux.
Leurs coques jetées dans l'eau s'amollissent, puis
on les file avec un fuseau de jonc. » (*Histoire naturelle des animaux*, liv. XI, chap. xxv, p. 22 et 23.)

Il est donc constant que les Grecs ont connu les
tissus de fils de chenilles; mais d'après ce que dit
Pline de l'insecte producteur, qui paraît être aussi
probablement une larve de coléoptère qu'une chenille de lépidoptère, on peut fortement douter que
ses contemporains aient connu autrement que par
ouï-dire le Bombyx du mûrier ; et de même aussi les
Romains jusqu'au sixième siècle de notre ère. Des
momies, couvertes de soie et retrouvées en Égypte,
prouvent seulement aussi que, de très-bonne heure,
les Égyptiens connurent la soie et la mirent en œuvre, mais très-probablement sans connaître sa nature
ni son origine.

On a cru pendant longtemps qu'il ne fut pas fabriqué d'étoffe de soie en Europe avant le règne de

Justinien, au sixième siècle ; mais on sait aujour-
d'hui qu'on en faisait déjà à Constantinople au cinquième et peut-être même au quatrième siècle. Seulement, cette fabrication fut d'abord très-restreinte,
à cause de la rareté de la matière première, que
l'on tirait à grands frais de l'Asie centrale, et elle
ne commença à se développer que lorsque, sous le
règne de ce prince, le ver à soie eut été importé et
acclimaté dans l'Empire grec.

En 519, 527, 530 ou 552, suivant les divers his-
toriens, l'empereur Justinien voulant naturaliser
l'industrie de la soie en Éthiopie d'après quelques
auteurs, mais plus probablement dans son empire,
envoya à Serica (Ser-Hend, Serenda, Sirhind, ville
de l'Inde septentrionale) deux religieux de l'ordre
grec de Saint-Basile, dont l'un, le chef, était Cosmas
Indicopleustes, ancien commerçant d'Alexandrie.
Bravant la mort dont était punie l'exportation de
l'insecte producteur de soie, les moines remplirent
de ses œufs les cannes de bambou, creusées à l'a-
vance, dont ils s'étaient munis pour ce voyage.
Grâce à ce subterfuge, ils échappèrent au danger,
revinrent à Constantinople avec le précieux insecte,
la graine de l'arbre qui lui sert de nourriture, les
notions nécessaires pour élever l'un, diriger les
autres, dévider et tisser la soie, et furent magnifi-
quement récompensés par leur prince. Des manufactures importantes s'élevèrent presque aussitôt dans
plusieurs villes de l'ancienne Macédoine, de l'Hel-
lade et du Péloponèse, notamment à Constantinople,
Athènes, Thèbes et Corinthe. Pendant les premiers

siècles du moyen âge, ce furent ces manufactures qui, concurremment avec celles des peuples musulmans de la Syrie, de la Perse et de l'Égypte, alimentèrent le commerce des soieries dans toute l'Europe. Le manteau de Charlemagne, l'oriflamme de saint Denis venaient de Constantinople.

Les Arabes ou Maures, dans leurs relations avec l'Asie orientale, connurent et s'approprièrent la précieuse chenille. Ils l'importèrent, à la fin du septième siècle de notre ère, sur les côtes septentrionales de l'Afrique (Algérie), et au huitième, en Espagne, enrichissant ainsi les pays qu'ils venaient de conquérir. « Edrisi, qui parcourait l'Espagne au douzième siècle, rapporte que l'on comptait, dans le seul royaume de Jaën, plus de six cents villes et villages livrés à l'industrie de la soie. La soie espagnole était, dans ce temps-là, préférée à la soie de Syrie. » (Bonafous.)

La Grèce, et particulièrement le Péloponèse, s'étaient livrées à l'éducation du ver à soie avec une grande ardeur, dès son introduction en Europe; la culture du mûrier ne tarda pas à y prédominer, et le nom de Morée, tiré de celui du mûrier, remplaça, pour les Européens de l'Occident, l'ancien nom de la presqu'île. En 1170, Benjamin de Tudèle, visitant ce pays, compta, dans la seule ville de Thèbes, deux mille juifs exclusivement occupés au tissage de la soie.

C'est en Morée que Roger II, premier roi de Sicile, prit le mûrier et le ver à soie pour les importer (1130) dans son royaume; il fit venir en même temps un grand nombre d'habiles ouvriers qui établirent leur industrie à Palerme. De la Sicile, mûriers et vers se propagèrent rapidement dans toute l'Italie. « Aux treizième et quatorzième siècles, la culture de la soie, déjà connue dans la Calabre ultérieure, s'étendit dans une grande partie de l'Italie, jusqu'au pied des Alpes cottiennes, sous le règne d'Amédée V de Savoie et de Sybille de Baugé. Les statuts de Florence de 1423 enjoignaient à tout propriétaire de Toscane de planter au moins cinq mûriers à haute tige chaque année. » (Bonafous.) Des fabriques furent successivement créées à Palerme, Messine, Naples, Rome, Florence, Lucques, Venise, Gênes, Milan, etc., où les procédés orientaux furent appliqués avec le plus heureux succès.

En France, on présume que le mûrier avait déjà été introduit et cultivé aux environs de Vénasque (ancienne capitale du comtat Venaissin, Vaucluse), lorsque, en 1229, Raymond VII céda le comté au pape Grégoire IX. Mais il est certain qu'en 1309, Clément V, ayant transféré à Avignon la résidence du Saint-Siége, y fit planter les premiers mûriers et y introduisit les premiers vers à soie. La nouvelle industrie y prit, en quelques années, une extension considérable. Mais le Vénasque et l'Avignonnais étaient alors, et pour longtemps encore, indépendants de la France. Il nous faut arriver à Louis XI et à Charles VIII, à la fin du quinzième siècle, pour voir implanter ce ver et son arbre nourricier sur une terre vraiment française. Louis XI (1461-1483) fit, en effet, planter de nombreux mûriers autour de

son château du Plessis-les-Tours, et attira en France
un Calabrais, nommé François, pour initier la popu-
lation tourangelle à l'élevage du précieux insecte et
aux diverses industries qui s'y rattachent. C'est sous
le règne de son successeur, après les guerres de
Charles VIII en Italie, qu'en 1494 Guy-Pape-de-
Saint-Alban rapporta de Naples plusieurs pieds de
mûriers qu'il fit planter dans son domaine, près
de Montélimart, où l'un d'eux existait encore en
1802. Le roi Henri II (1550) fut le premier, en
France, à porter des bas de soie.

Sous Charles IX, un jardinier, nommé Traucat,
établit, en 1564, auprès de Nîmes, une pépinière de
mûriers, d'où il répand quatre millions de plants
dans le Midi. Olivier de Serres, l'illustre agronome,
le conseiller d'Henri IV, prit dans les pépinières de
Traucat les mûriers qu'il planta sur sa terre du Pra-
del; sur ses avis, le roi en fit venir à Paris vingt
mille pieds, qu'il planta dans le parc de Fontaine-
bleau et au jardin des Tuileries, où on établit une
immense magnanerie qui fut abandonnée à sa mort.
Le long des grandes routes, le mûrier fut, dans tout
e Midi, substitué à l'orme; la pépinière des Tuileries fournit des plants à toutes les généralités, et particulièrement à celles de Paris, Orléans, Tours,
Lyon, etc. Sully, ministre du roi, en fit planter sur
les places publiques de tous les villages, où quelques-uns existent encore. Après la mort de Henri IV,
tous ces progrès se ralentirent faute d'encouragements.

Sous le règne de Louis XIII, l'industrie de la soie

prit un grand développement à Lyon, à Tours et
dans plusieurs autres villes; mais elle ne s'exerçait
que sur des soies venues toutes filées d'Espagne,
d'Italie et du Levant. Sous Louis XIV, son ministre,
Colbert, comprenant le rôle immense que devait
jouer la soie dans l'industrie des tissus, fit établir
des pépinières royales de mûriers dans le Berry,
l'Angoumois, l'Orléanais, le Poitou, le Maine, la
Franche-Comté, la Bourgogne et le Lyonnais, accor-
dant des primes aux propriétaires dont les plantations prospéreraient; il fit venir de Bologne un habile ouvrier, nommé Benay, qui fit sa fortune en
dotant la France de l'industrie du tissage des soies.

Vers la même époque, un soldat, le capitaine
François de Carle, de retour d'une campagne en
Italie, résolut d'implanter l'éducation du Bombyx
dans les Cévennes, sa patrie. Il fit arracher les châ-
taigneirs, et les remplaça par des mûriers, sur ses
propriétés; il construisit des aqueducs et des canaux
pour arroser ses arbres; il arriva à faire produire à
la commune de Vallerangue 2,000 kilogr. de cocons;
l'industrie y était bien établie, puisque, en 1862, on
en produisait 200,000 kilogr.

En somme, la sériculture était généralement ré-
pandue en France et y était déjà la source d'une
grande prospérité agricole et industrielle quand
survint la révocation de l'Édit de Nantes (1685).
L'exil chassa de France les protestants, dont un
grand nombre s'était adonné à l'industrie de la soie,
qu'ils portèrent en Angleterre, en Prusse, en Suisse
et dans les Pays-Bas. Pendant près d'un siècle, la

sériciculture fut à peu près complétement abandonnée, mais non pas pourtant la fabrication des soieries. Sous Louis XV, en 1763, sur l'initiative d'un
agriculteur nommé Thomé, la culture des mûriers
redevint active et florissante, et l'élevage du ver à
soie n'a cessé de prospérer jusqu'à ces dernières
années où il s'est trouvé ralenti, mais non pourtant
découragé par l'épidémie spéciale qui est venue
fondre sur l'utile insecte.

En même temps que le ver du mûrier se multi-
pliait si opportunément chez nous, on l'introduisait
en Suisse, en Allemagne, en Suède, en Russie, en
Angleterre; mais on ne tarda pas à se convaincre
que son existence se trouve intimement liée au sort
de l'arbre qui le nourrit, et que le mûrier ne pros-
père pas sous tous les climats; qu'il ne peut servir
à l'éducation du Bombyce que là où il peut se revê-
tir d'un double feuillage chaque année. « Les mûriers plantés au commencement du dix-septième
siècle aux portes de Genève y prospérèrent durant
plus d'un siècle et demi. Des essais de culture eu-
rent lieu dans les plaines de la Hollande, et, en Ger-
mánie, dans les États du duc de Wittemberg. Des
plantations furent faites dans la Russie méridionale
par ordre du czar Gabriel Ivanowitch. En 1603,
Jacques Ier, et ensuite Georges Ier, essayèrent, sans
succès, d'introduire la culture de la soie en Angleterre, à l'effet d'y alimenter les manufactures de
soieries établies dans ce pays dès le quinzième siècle..... Pendant les deux siècles suivants, et de là
jusqu'à nos jours, l'art de cultiver la soie fut l'ob-

jet de nouvelles tentatives dans la Belgique, sur les rives de la Baltique, dans une grande partie de la Suisse, de l'Allemagne, et jusque dans la Crimée, la Géorgie, ainsi que dans le Danemark et dans la Suède, où une association séricicole, fondée en 1842, et présidée par la reine régnante, Joséphine de Leuchtenberg, renouvelle aujourd'hui les essais de Christian VI. »

« Les Cortès, au seizième siècle, introduisirent la culture de la soie dans l'Amérique du Nord. Plusieurs villages, au Mexique, portent encore les noms de Tepexe de la Seda et de San Francisco de la Seda. Jacques Ier propagea le mûrier dans les possessions américaines de l'Angleterre. » (Bonafous).

« En Amérique, dit M. de Quatrefages, le Chili semble être la contrée où les vers à soie ont de meilleure heure appelé l'attention d'un assez grand nombre de cultivateurs. La récolte des cocons a, dans ce pays, une certaine importance. Au Brésil, les encouragements donnés par le gouvernement ont, il est vrai, manqué leur but, par la faute des hommes qui avaient semblé vouloir seconder ses intentions éclairées ; mais en dépit de ce que cette expérience a eu d'incomplet, elle n'en a pas moins démontré que l'élève du ver à soie doit ajouter tôt ou tard une source de richesses à toutes celles que possède déjà cet empire privilégié. La république de l'Équateur, entrée bien plus tard dans la lice, possède déjà cinq à six cent mille mûriers, et les éducations ont jusqu'ici remarquablement réussi. Il en est de même de la Californie. Enfin, l'Océanie elle-même com-

mence à s'adonner à l'industrie lucrative dont il
s'agit. Dès 1859, elle envoyait déjà en Europe quelques flottes de soie à côté de ses innombrables balles
de laine; et des renseignements récents m'ont appris
que, en Australie, quelques colons songeaient à en-
treprendre sur une grande échelle et à répandre la
culture du mûrier et l'élevage du ver à soie. »

Le lecteur se rendra un compte plus complet de
l'importance qu'a acquise la sériciculture dans les
temps modernes, en parcourant le tableau suivant,
qui indique la production approximative en soie
grége dans les diverses parties du monde, vers
1850, c'est-à-dire peu avant l'apparition du terrible
fléau qui frappe depuis vingt ans nos magnaneries :

ANNÉE MOYENNE.	Kilos.	Valant.
France.	3,000,000	108,600,000ᶠ
Italie entière.	8,025,000	281,500,000
Autriche.	2,330,000	78,000,000
Prusse et autres États allemands.	5,000	170,000,000
Suisse (Tessin).	100,000	3,500,000
Espagne et Portugal.	1,280,000	44,320,000
Grèce.	428,000	15,600,000
Turquie d'Europe et d'Asie. . .	545,000	18,400,000
Russie d'Europe et d'Asie. . . .	480,000	16,800,000
Chine et Japon.	14,250,000	505,000,000
Inde.	3,800,000	120,000,000
Perse et autres pays de l'Asie.	2,550,000	77,800,000
Afrique.	33,000	1,100,000
Amérique.	15,000	500,000
Océanie.	16,000	600,000
Totaux.	36,857,000	1,271,890,000

D'après J. Heath et le docteur Ure, l'Italie, en
1829, ne produisait qu'environ 2,500,000 kilos de

soie grége; elle en recueillait, en 1850, plus de
trois fois autant. L'Espagne n'en récoltait, en 1797,
qu'environ 606,887 kilos, contre 1,104,000 kilos
en 1850. Mais c'est en France que nous pourrons le
mieux suivre le développement de cette industrie
jusqu'en 1854, époque où commence à sévir la maladie et à se produire la diminution des produits; il
s'agit du poids en cocons bruts :

PRODUCTION MOYENNE ANNUELLE.	Kilos.	Valant.
1760 à 1780.	6,600,000	16,500,000ᶠ
1781 à 1800.	4,850,000	14,200,000
1801 à 1820.	4,866,000	17,540,000
1821 à 1840. . . . . :	11,168,500	43,460,000
1841 à 1852.	20,877,000	79,158,000
1853.	26,000,000	117,000,000
1854 à 1866.	9,261,540	53,850,000

C'est donc, en comparant la période de la maladie
à l'année maximum de 1853, une perte brute annuelle et moyenne, pour la France, de 63,500,000 fr.
environ; la perte de l'Italie par le même fait est évaluée à 200,000,000 de francs par an; enfin M. de
Quatrefages croit pouvoir estimer à deux milliards la
perte annuelle de l'ensemble des pays sériciculteurs
sur le globe.

Nous avons vu que la Chine septentrionale paraît
avoir été la patrie originaire du ver à soie [1] comme

---

[1] Suivant M. Pariset (*Hist. de la soie*, t. II), la Perse et le
Turkestan ou Tartarie indépendante seraient essentiellement la
patrie des races de vers à cocons jaunes, et la Chine, celle des
races à cocons blancs.

elle est celle des mûriers blanc et noir. Mais, suivant M. Isidore-Geoffroy Saint-Hilaire, on ne connaît pas le *Bombyx mori* dans l'état de nature.
« L'espèce sauvage dont il se rapproche le plus est
le *Bombyx religiosæ*, dont il serait issu, selon une
conjecture de M. Jenkins. Mais ce dernier Bombyx
est indien, et vit sur le *Ficus religiosa* (figuier des
Pagodes); la vraie souche de nos vers à soie reste
vraisemblablement à découvrir en Chine. » D'un
autre côté, « le capitaine Hutton constate qu'on
a, dans le monde entier, domestiqué au moins
six espèces de vers à soie; et il croit que ceux qu'on
élève en Europe appartiennent à deux ou trois
d'entre elles. Ceci n'est toutefois pas l'opinion de
plusieurs juges très-compétents, qui se sont tout
particulièrement occupés en France de l'éducation
de cet insecte, et s'accorde mal avec certains faits. »
(Darwin.)

Cependant le *Bombyx Huttoni* paraît si rap-
proché du *Bombyx mori,* que M. Guérin Menneville
serait assez disposé à le regarder comme étant le
type de ce dernier, tant sa forme à l'état parfait
se rapproche de celle de notre papillon de race
domestiquée.

Nous trouvons encore dans les Mémoires de la
Société d'agriculture de Lyon, le 29 janvier 1864,
une communication de M. Jourdan qui dit tenir de
M. Westwood, que, au nord de Calcutta, au pied
de l'Himalaya, on élevait un ver à soie très-petit,
donnant huit générations, et dont il faut 2,400 à
3,000 cocons pour fournir un kilogramme de soie;

ce ver passe, au Bengale, pour être une dégénéres-
cence du ver ordinaire. Un voyageur russe prétend
avoir aussi observé un ver analogue au ver domestique, au pied du Thibet, lieu où la légende chinoise place le berceau de ce dernier. Enfin, ajoutons que le docteur Boisduval considère le *Bombyx
Huttoni* comme le type sauvage du *Bombyx mori* :
l'un se nourrissant du mûrier sauvage, l'autre du
mûrier cultivé. (L'*Insectologie agricole*, t. II, 1868,
p. 249.) Il est à remarquer aussi que jusqu'à la fin
du dix-huitième siècle, on ne connut en Europe que
les races de vers à cocons jaunes, et que la première
introduction des races ou variétés à cocons blancs,
en particulier du Sina, eut lieu en France en 1772
et provenait encore de la Chine.

CHAPITRE II.

RACES DE VERS A SOIE DOMESTIQUES.

Que notre ver à soie soit sorti d'un ou de trois types sauvages, il n'en a pas moins présenté des variations assez nombreuses et plus ou moins importantes, portant tantôt sur la couleur et la taille des chenilles, la couleur, la grosseur et la forme des cocons; tantôt sur le nombre de mues, l'espace de temps nécessaire aux œufs pour l'éclosion, etc., etc.

Si l'on en excepte les premiers jours qui suivent leur naissance et où ils sont tous noirs, les vers à soie du mûrier ont généralement la peau blanche, quelquefois marbrée de noir ou de gris, et occasionnellement tout à fait noire. « La couleur, même dans les races pures, n'est toutefois, d'après M. Robinet, pas constante; il faut en excepter la *race tigrée*, ainsi nommée parce qu'elle est marquée de raies transversales noires. La couleur générale du ver n'étant pas en corrélation avec celle de la soie, les sériciculteurs n'ont fait aucune attention à ce caractère, et il n'a pas été fixé par sélection. Le capitaine Hutton a démontré que les marques tigrées foncées qui apparaissent si fréquemment sur les vers de différentes races, pendant les dernières mues, sont dues à un fait de retour, car les chenilles de plusieurs espèces sauvages, et voisines du Bombyx, présentent des marques et une couleur semblables. » (Darwin.) Dans la sélection opérée sur les produits de ces vers tigrés, la teinte des marques et la couleur des papillons deviennent de plus en plus noirâtres à la seconde et surtout à la troisième génération. Le premier pas vers ce retour paraît consister dans l'apparition de tigrures semblables à des sourcils, autour des yeux. M. Robinet a constaté l'apparition de vers noirs (moricauds ou bouchards) parmi les vers ordinaires ; il a même vu la même race produire exclusivement des vers blancs une année et la suivante en donner beaucoup de noirs. D'après M. A. Bossi, de Genève, ces vers noirs produisent des vers de même couleur qu'eux, mais les papillons et les cocons conservent leur couleur ordinaire.

Les œufs des diverses races sont loin de présenter le même diamètre, puisqu'un gramme en contient, suivant la race, de 1200 à 1550. Les plus gros sont ceux de la race de Dandolo, puis de celles de Loudun, de Roquemaure, Cora, Espagnolet, de Turin, enfin de Sina. La longueur et le poids des vers parvenus à leur entier développement ne sont pas en rapport constant avec le diamètre et le poids des œufs dont ils sont sortis, et les mêmes races doivent être classées comme suit sous ce double rapport : Dandolo, Loudun, Cora, Espagnolet, Roquemaure, Turin et Sina.

A l'égard de la couleur des cocons, nous ferons remarquer qu'elle n'est pas forcément héréditaire. A l'époque (1772) de l'introduction de la race sina

blanche, elle fournissait 10 pour 100 ou un dixième
de cocons jaunes ; après soixante-cinq générations,
grâce à une sélection attentive, la proportion des cocons jaunes était descendue à 3.50 pour 100 ; enfin
aujourd'hui, c'est-à-dire après un siècle d'acclimatation et de soins, on ne trouve souvent pas un seul
cocon jaune dans un million de cocons sinas. La
soie varie de finesse et de grain, comme elle varie
de couleur. On classe les races en : 1° vers à soie à
cocons blancs ; 2° vers à soie à cocons jaunes. Les
races à soie blanche, connues en Europe depuis un
siècle seulement, sont les suivantes : Sina, Espagnolet blanc, Roquemaure blanc ; puis les variétés
dites de Syrie blanc, bianci ou blanc de Varèse, à
trois mues blanc, tigrée, etc. Parmi toutes celles-ci,
le Sina fournit la soie du blanc le plus pur et prenant le mieux toutes les teintures. Les races à soie
jaune sont : le Turin, le Milanais, l'Espagnolet
jaune, le Cora, le Lamastre, le Roquemaure jaune,
la race de Loriol, celle de Loudun, celle de Dandolo, puis les variétés dites d'Aubenas, de Pesaro,
de Fossombrone, Giali ou Nankin, à trois mues
nankin, jaune de soufre, de Vigevano, de Nice, etc.
Dès le commencement du quinzième siècle, d'après
Lazarelli, les cocons à soie verdâtre étaient les plus
estimés en Italie ; nos Japonais blancs prennent souvent en partie cette teinte verte plus ou moins foncée. « Dans le royaume de Mi-li (Chine), on voit,
dit-on, des mûriers, dont les branches rampantes
recouvrent une superficie de cent pieds et servent
d'aliments à des vers à soie (?) qui y produisent un

fil vert de dix pieds de long. Mais ce qui est plus
vrai pour nous, c'est l'existence ou variété de ver à
à soie qui nous a été envoyée de la Mongolie chinoise. Cet insecte, à l'état de chenille, se colore en
vert au temps des mues et reprend ensuite sa couleur blanchâtre. Son cocon, de couleur verdâtre, se
termine en pointe à l'un des deux bouts. » (Bonafous.) Le P. Terulli parle de cocons couleur de
pourpre, Lazarelli de cocons rouges (*rubentes*) ; on
élève en Toscane, et notamment dans le pays de Pistoie, une race à cocons de couleur rose pâle ; on peut
obtenir artificiellement presque toutes les colorations,
en nourrissant les vers de feuilles saupoudrées de
matières colorantes réduites en poudre très-fine,
comme l'indigo, la cochenille ; mais le cocon et la
soie ne sont colorés que mécaniquement, par contact,
et le fil sort du tirage avec sa couleur propre.

La grosseur des cocons n'est pas moins variable
que leur coloration, puisqu'il en faut, selon la race,
de 370 à 600 pour peser un kilogramme. Nous clas-
serons, sous ce rapport, les principales races dans
l'ordre suivant, en commençant par les plus lourdes :
races de Dandolo, de Loudun, de Roquemaure,
Cora, Turin, Espagnolet, Milanaise, Lamastre,
Sina, etc. Nous ajouterons que le volume des cocons
n'est point une qualité absolue ; ils sont, au contraire, d'autant plus estimés, qu'ils sont moins volumineux à poids égal, la coque soyeuse étant alors
plus épaisse et le déchet moins considérable à la
filature.

Les cocons peuvent, suivant la race d'abord, et

ensuite suivant les individus, présenter plusieurs
formes : ils peuvent être pointus, comme dans les
variétés jaune et blanche de Macédoine, dans la variété jaune de Buckarest, dans celle blanche de Bul-
garie ; ils peuvent avoir une forme allongée et être
cylindriques comme dans la race de Loudun, celles
de Nouka, de Bronski, des Balkans ; sphériques
comme dans les races de Roquemaure, de Loriol, etc.;
enfin étranglés par le milieu comme dans les races
de Sina, Espagnolet, Turin, Cora, Milanaise, de
Dandolo, Japonaise, etc. Cette dernière forme est
la plus estimée des filateurs comme fournissant une
plus forte proportion de soie.

Presque toutes nos races domestiques de vers à
soie subissent quatre mues ; quelques-unes pourtant
n'en subissent que trois, et c'est la quatrième qui
paraît être supprimée ; leur éducation se trouve
abrégée de trois ou quatre jours sur celle des races
ordinaires. Aussi, reçut-on ces nouvelles races avec
une grande faveur à l'origine. Jérôme Vida, qui
écrivait son poëme de *Bombyce* à Rome, en 1527,
n'assujettit l'insecte qu'à un triple sommeil : « Nous
avons quelque raison de croire, ajoute son traducteur
et commentateur, qu'au temps de Vida, les vers à
soie à trois mues étaient les seuls élevés en Italie....
Une existence plus courte de quelques jours expose
l'insecte à moins de chances et économise proportionnellement la main-d'œuvre. » (Bonafous.) Les
races à trois mues furent enfin préconisées par
Dandolo, l'illustre réformateur de la sériciculture.
Mais on ne tarda pas à remarquer que les vers de

ces races pèsent environ un onzième de moins et leurs cocons près de deux cinquième que dans les races à quatre mues. Enfin on s'aperçut que les vers à trois mues restent petits et sont d'une constitution très-délicate. « Je suis porté à croire, conclut M. Robinet, que les trois mues ne sont que des dégénérescences. En effet, on trouve presque toujours dans les éducations un certain nombre de vers qui prennent le parti de filer leur cocon après la troisième mue. Évidemment, ce sont des vers faibles. D'un autre côté, presque toutes les races à trois mues que nous avons expérimentées ont fait quatre mues à la seconde ou à la troisième année, ce qui semble prouver qu'il a suffi de les placer dans des conditions favorables pour leur rendre une faculté qu'elles avaient perdue sous des influences moins favorables. » (*Man. de l'éduc.*, p. 317, 318.)

Nous verrons, un peu plus loin, que les œufs de nos vers à soie domestiques, pondus en France durant les mois de juin à juillet, n'éclosent qu'au printemps suivant, quelle que soit la température graduellement croissante à laquelle on les soumette. On en possède depuis longtemps déjà en Chine et au Japon ; on a importé de ces pays en Italie et d'Italie en France des races dites bivoltines, trivoltines ou polyvoltines, dont les œufs ont la faculté d'éclore quinze ou vingt jours après la ponte et permettent de faire ainsi, dans une même année, deux et trois éducations successives. Toutefois, ces vers polyvoltins sont de moins en moins estimés au Japon, parce qu'ils donnent des cocons de peu de poids et une

soie relativement faible, qui, malgré la double récolte, ne dédommage pas des pertes de temps et des
soins causés par une seconde éducation. D'un autre
côté, M. Robinet fait observer que, dans toutes les
races ordinaires, on voit éclore quelques pontes
vingt à trente jours après leur dépôt sur les papiers;
que, de plus, on sait que dans nos colonies chaudes,
Bourbon, la Martinique, Cayenne, la Guadeloupe,
toutes les races prennent le caractère des Trevoltini,
c'est-à-dire que les œufs donnent des vers peu de
temps après la ponte; qu'enfin les cocons de ces
races sont de qualité inférieure, les vers peu robustes, l'éclosion toujours inégale et incomplète, et
que leur adoption a le grave inconvénient de
reporter la seconde éducation vingt jours au moins
après la première, pendant la saison la plus chaude
et à l'époque des plus grands travaux de la culture.

Ces considérations préliminaires établies, nous
pouvons aborder maintenant la description succincte
de nos principales races de vers à soie domestiques.

La *race de Turin*, à petits cocons jaunes (il y a
une grande race de Turin), porte les noms de *Gioli*
(jaunes), *Camuzzini* (chamois), *Pastellini* (du nom
d'un éducateur), *Nanchini* (nankins), *Centurini*
(étranglés), petit Espagnolet, petit Espagnolet de
Cavaillon, Milanais, Turin, etc. Ses œufs sont petits
et verdâtres, ses vers un peu tardifs dans leur
développement, son cocon petit, cylindrique, fortement étranglé au centre, à bouts ronds, d'un beau
jaune, très-riches en soie excellente. La Milanaise
est une variété à cocons un peu plus ronds et un

peu moins étranglés, mais possédant les mêmes qualités.

L'*Espagnolet jaune* donne des œufs, des vers et des cocons un peu plus gros que le Turin ; mais les cocons jaunes et de même forme sont, relativement à leur volume, un peu moins riches en soie. Cette race est probablement la même que celles appelées en Italie races de Pesaro et de Fossombrone. Elle a elle-même fourni une variété dite de Touraine et une autre dite d'Aubenas.

La *race de Loudun*, qui existe depuis longtemps dans le département de la Vienne èt que M. Robinet croit originaire de Brianza ou de Pesaro, pourrait bien être descendue du Turin ou de l'Espagnolet ; mais par la sélection et les soins, sans doute, les œufs, les vers et leurs cocons se sont de beaucoup accrus. Ces cocons sont cylindriques, très-allongés et souvent pointus par l'une des extrémités ; leur grain laisse aussi beaucoup à désirer, mais ils sont très-riches en soie.

La *race Cora* est le produit d'un croisement opéré en 1840 par madame Millet-Robinet, entre les races de Turin et de Loudun ; elle a pris de la première sa forme régulière et avantageuse, de la seconde sa richesse en soie. Les cocons jaunes ont à peu près la même forme que ceux des Turins, mais avec les bouts un peu moins arrondis.

La *race de Roquemaure* ou de Saint-Jean du Gard est la plus grosse race du midi de la France ; ses œufs et ses vers sont très-gros. Les cocons sont volumineux, les uns blancs, les autres jaunes, arrondis et ne présentant qu'un faible étranglement ; ils sont pauvres en soie. La *race de Lamastre* n'en diffère que par un volume un peu moindre du cocon.

La *race de Loriol* paraît être la race de Roquemaure améliorée par la sélection. M. d'Arbalestier, éducateur à Loriol, est parvenu, à force de soins, à créer cette race qui a de l'analogie (bien que de taille un peu plus petite) avec celle de Roquemaure, mais qui l'emporte sur elle par la richesse en soie et par la finesse du grain. Le cocon est presque sphérique et sans étranglement, d'une belle teinte jaune.

La *race de Brianza* ou de Dandolo, est la plus grosse de toutes nos races européennes, à cocons jaunes, de la forme des Turins, cylindriques, très-étranglés au centre, pauvres en soie médiocre. Ses vers sont très-exposés, comme ceux de toutes les grosses races, aux maladies.

La *race Sina* est la première race à soie blanche qui ait paru en Europe. Elle fut importée en France, sous Louis XV, en 1772, par Mathon de Fogère, qui l'avait prise dans la province chinoise de Kiang-Sou. Cette graine fut principalement distribuée dans les montagnes des Cévennes, où par sélection attentive on parvint à confirmer la blancheur du cocon. Elle est très-robuste ; ses œufs sont petits et d'un beau gris bleuâtre ; les vers atteignent un poids et des dimensions moyens ; les cocons sont petits, cylindriques, un peu étranglés au centre, avec les bouts arrondis ; ils sont médiocrement riches en soie, mais ce produit est de qualité exceptionnelle par sa couléur pure d'un blanc magnifique et sert à fabriquer les blondes et quelques tissus à couleurs tendres. La *race dite japonaise*, à variétés blanche et jaune, présente une très-grande analogie avec le Sina, mais lui est inférieure au point de vue de la richesse et de la qualité de sa soie.

La *race Bronski* a été formée et améliorée, depuis 1847, au château de Saint-Selve (Gironde), par mademoiselle Christine Bronno-Bronski; elle fournit de très-beaux cocons blancs, allongés, de forme un peu variable, assez riches en belle soie de deuxième blanc.

Les dames Ursulines de Montigny-sur-Vingeanne (Côte-d'Or) élèvent depuis quinze à seize ans, en plein air et avec un succès complet, une *race bourguignonne améliorée* qui donne d'énormes et magnifiques cocons blancs, ovoïdes, non étranglés, dont quatre cents seulement pèsent un kilog.

La *race persane* fournit de très-gros cocons assez régulièrement arrondis, dont les uns sont blancs et les autres nankins. Dans cette race pure, comme dans celle de la Grèce, les œufs sont dépourvus, au moment de leur ponte, de l'enduit visqueux qui, d'ordinaire, détermine leur adhérence sur le papier ou la toile qui les ont reçus. Madame Estève, de Lignières (Cher), avait exposé, en 1867, des cocons très-réussis d'un croisement entre les deux races persane et sina.

Parmi les races à cocons jaunes, contentons-nous de citer encore celles dites : jaune de soufre (Loiseleur-Deslonchamps), de Nouka, des Balkans, de

2.

Dailliat, etc.; parmi les races indifféremment blanches ou jaunes, celles de Macédoine, de Buckarest;
parmi les races à cocons blancs, celles dites Bianchi
ou blanche de Varèse (Piémont), tigrée (Chine), de
Philippopolis, de Syrie, etc.

La *race à trois mues*, que quelques personnes ont
pu croire nouvelle à l'époque où elle fut recom-
mandée par Dandolo (1819), a sans doute été obtenue par sélection parmi des vers affaiblis, ainsi
que nous l'avons déjà dit. Avec une bonne hygiène
et des soins, ainsi que l'a constaté en 1839 M. Robinet, la mortalité par jaunisse a diminué, la montée
s'est faite régulièrement du dix-huitième au dix-neuvième jour après la naissance, les cocons ont repris
toutes leurs qualités; mais ils ont continué à ne subir
que trois mues; ce n'est qu'à la seconde et surtout à
la troisième année qu'ils ont été soumis à la règle
générale et ont passé par la quatrième mue.

La *race Trevoltini*, probablement originaire de
la Chine, fut importée en France par Berthezen, en
1790, et laissée dans un profond oubli. En 1829,
elle fut envoyée, comme une nouveauté, d'Italie en
France, par M. Moretti à M. Loiseleur-Deslongchamps. Vers 1838, les Trevoltini avaient supplanté
presque toutes les races ordinaires dans le pays de
Pistoie et les Deux-Siciles. On ne tarda pas, après
expériences, à les réserver pour les cas exceptionnels, lorsque la première éducation de printemps a
manqué, par exemple. Nous avons dit déjà que le
caractère de cette race, c'était l'éclosion de leurs
œufs quinze à vingt jours après leur ponte.

Les résultats obtenus par un grand nombre d'intelligents éducateurs, et notamment par M. André-Jean dans les Charentes, M. d'Arbalestier à Loriol (Drôme), les dames Ursulines de Montigny-sur-Vingeanne (Côte-d'Or), mademoiselle de Bronno-Bronski à Saint-Selve (Gironde), etc., prouvent que l'hygiène, les soins et la sélection peuvent améliorer très-notablement un grand nombre de races sous le rapport du poids et de la richesse en soie des cocons, la régularité de leur forme, la qualité et le grain de leur produit. D'un autre côté, l'exemple de mesdames Cora-Millet à la Cataudière (Vienne), et Estève à Lignières (Cher), démontre que le croisement de diverses races peut fondre, pour le plus grand profit de l'éleveur, une partie de leurs qualités et faire disparaître leurs défauts.

Certains caractères de l'œuf et du ver peuvent servir à distinguer sous ces états, les races blanches des races jaunes. Ainsi, les œufs des femelles qui produisent des cocons blancs, diffèrent légèrement par la teinte de ceux qui donnent des cocons jaunes; dans les premiers, le gris ardoisé est bleuâtre; dans les seconds, il tire très-sensiblement sur le jaune verdâtre. Les pattes abdominales sont blanches dans les vers adultes qui doivent donner un cocon blanc; elles sont jaunes dans les vers dont le cocon aura cette couleur. Enfin, nous avons déjà dit que les vers noirs dits moricauds ou ceux de race tigrée, qui fournissent des cocons, les uns blancs, les autres jaunes, produisent des papillons reconnaissables à leurs couleurs plus obscures.

Plusieurs considérations doivent guider l'éleveur
dans le choix de ces différentes races : la bonne constitution des vers, la forme, le volume et la richesse
en soie des cocons, la variété de mûriers dont on
dispose, la nature du sol qui les nourrit, le climat
sous lequel on opère. En effet, certaines races réus-
sissent mieux dans les contrées méridionales que
sous un climat tempéré; peu de races s'accommodent
de la feuille de mûriers venus dans un sol humide;
les filateurs de chaque pays, suivant le débouché
qu'ils trouvent ou l'industrie qu'ils ont adoptée,
préfèrent telle ou telle race dont ils déterminent
ainsi le choix. On a cru durant quelque temps, mais
à tort, que les vers des races à soie blanche et les
vers moricauds résistaient mieux à la pébrine; on
sait aujourd'hui qu'elle atteint à peu près proportionnellement toutes les races. Quant à la maladie
dite la grasserie, à celle de la jaunisse et enfin à celle
de la muscardine, on sait aujourd'hui que les grosses
races y sont plus exposées que les petites. Enfin, le
capitaine Hutton pense que chez les races persane
et grecque, le manque d'adhérence des œufs ne
provient que d'un affaiblissement des glandes de
l'oviducte.

A la suite d'une longue domestication, en effet,
le ver à soie a dû, comme nos autres animaux domestiques, perdre une partie de son instinct, de sa
vitalité, de sa résistance aux maladies. Les vers
placés en plein air ou en chambrée, sur un mûrier,
commettent souvent l'étrange erreur de ronger le
pétiole de la feuille sur laquelle ils se trouvent et

tombent conséquemment à terre; une fois là, ils ne sont pas tous et toujours capables de remonter sur l'arbre par le tronc. Un grand nombre de personnes compétentes ont attribué l'invasion de la pébrine à une hygiène défectueuse, à la température élevée, à l'accélération d'élevage qui président, depuis un demi-siècle, à la production de la soie; la pébrine a pu devenir ensuite héréditaire et contagieuse; aussi conseillaient-elles logiquement d'élever en plein air les vers destinés à la reproduction. Nous reviendrons plus loin sur ce sujet.

CHAPITRE III.

Nous avons vu que le ver à soie est un insecte appartenant à l'ordre des Lépidoptères, à la famille des Lépidoptères nocturnes, à la tribu des Bombycites, à l'ancien genre Bombyx, au nouveau genre Séricaire, et que son nom zoologique est *Sericaria Mori.*

Comme tous les Lépidoptères, il passe par les quatre états d'œuf, de larve ou chenille, de chrysalide ou nymphe et de papillon, ou insecte parfait. Ce sont ces diverses phases que nous allons successivement étudier.

§ 1er. — ŒUFS.

Les œufs, vulgairement nommés *graine,* sont de petits corps ronds, lenticulaires, déprimés au centre, aplatis sur les deux faces. Au moment de leur ponte, ils sont recouverts d'une sorte de vernis agglutinatif qui, en se desséchant, détermine leur adhérence au corps sur lequel ils reposent. Ils n'ont pas pourtant exactement la même forme dans toutes les races; ils sont tantôt ronds, d'autres fois ellipsoïdes, le plus souvent ovales, c'est-à-dire plus petits à l'un de leurs bouts. Les œufs de la race jaune de soufre ont une forme ovoïde ou ovale, ceux des autres races sont ronds ou lenticulaires. Au moment de leur ponte, les deux faces supérieure et inférieure sont légèrement convexes; bientôt elles s'aplatissent et finissent plus tard par devenir concaves, ce qui est dû à une dessiccation successive de l'œuf; lorsqu'il est devenu complétement plat, que les deux faces se touchent presque, la dessiccation a été poussée trop loin, le germe est mort.

Les œufs non altérés sont plus lourds que l'eau; mais leur poids comme leur volume varient, suivant les races, dans des limites très-étendues. On a trouvé, dans des expériences répétées, que le nombre d'œufs nécessaires pour peser un gramme, cinq mois environ après leur ponte, était le suivant :

Race de Brianza ou de Dandolo. . . . . 1.200 œufs.
Race de Loudun. . . . . 1.250 —
Race de Roquemaure. . . . . 1.250 à 1.273 —
Race Cora. . . . . 1.300 —
Race Espagnolet. . . . . 1.350 —
Race Turin. . . . . 1.350 à 1.400 —
Race Sina. . . . . 1.330 à 1.550 —

Ce poids varie dans certaines limites avec l'âge de l'œuf. La perte totale de la ponte à l'incubation est d'environ un dixième, mais elle se fait pour la plus forte part (5 pour 100, de la ponte au 1er février), de la ponte jusqu'aux premiers froids; s'arrête pendant l'hiver et se complète de février dans le Midi, ou mars dans le Nord, jusqu'au moment de l'éclosion (1 pour 100 du 1er février à la mise en incubation, 4 pour 100 pendant les six à huit jours de

l'incubation sous une température moyenne de 24 à
25° c.). Ainsi, si 1400 œufs pèsent un gramme lors
de la ponte, il en faudra 1540 pour peser le même
poids avant l'éclosion.

La couleur des œufs n'est pas moins variable que
leur poids. « Au moment de la ponte, l'œuf est jaune
jonquille; dans l'espace de huit à dix jours, la
couleur prend de l'intensité et devient brun rougeâtre; puis elle passe peu à peu au gris roussâtre;
enfin, elle devient gris d'ardoise. Cette teinte per-
siste pendant l'automne, l'hiver et une grande partie du printemps; mais alors, à mesure que la température s'élève, naturellement ou artificiellement,
la couleur des œufs passe successivement par les tons
suivants : bleuâtre, violet, cendré, jaunâtre. Enfin,
ils blanchissent de plus en plus. Ce phénomène indique une prochaine éclosion. Ces divers changements sont indépendants de la coquille, car elle
reste blanche. Ils résultent donc des modifications
successives de la matière contenue dans l'œuf, et
que la demi-transparence de la coquille laisse aper-
cevoir en partie. » Les œufs qui conservent la couleur jaune jonquille qu'ils avaient lors de la ponte
sont inféconds. La coloration blanche des œufs fé-
conds, quelque temps avant l'éclosion, est due à la
disparition du liquide dans l'œuf alors exclusivement
occupé par le ver, que ses poils empêchent de toucher la coquille; celle-ci seule alors donne sa couleur
à l'œuf. Enfin, nous avons vu qu'au printemps les
œufs de races blanches prenaient un gris ardoisé
bleuâtre, et les races jaunes une teinte jaune verdâtre.

Si, peu de temps après la ponte, on écrase un œuf fécondé, on verra qu'il est rempli par un liquide visqueux et incolore, dans lequel nage un point légèrement coloré, le germe. Ce liquide, nous venons de le voir, diminue par évaporation; le germe, qui ne commence à se développer qu'avec les premières chaleurs du printemps ou sous l'action d'une chaleur artificielle, et dont le bec est noir et dépourvu de poils, le corps recouvert de poils noirs, finit par devenir en partie visible à travers la coquille, sous forme d'un point noir (la tête), et d'un croissant brunâtre (le corps). L'éclosion alors est proche.

Ces œufs pondus en juin ou juillet n'écloront, quoi qu'on fasse, pour la plupart qu'aux mois de mars ou avril suivants. Cependant, même en France et dans toutes les races, un certain nombre d'œufs éclosent peu après la ponte. Cette précocité est devenue héréditaire et caractéristique dans ce que l'on a nommé la race Trevoltini. Les œufs des races ordinaires doivent être conservés durant les neuf mois qui séparent la ponte de l'éclosion, dans un local où ils soient à l'abri de l'humidité, des variations extrêmes de la température, des ravages des rats et souris, etc.

Ce n'est, dans le centre de la France, que vers le 15 février, et vers le 20 janvier, dans le Midi, que commence dans les œufs le travail d'organisation du germe. L'éclosion n'a lieu qu'après que les œufs ont reçu, depuis l'une ou l'autre de ces époques, une somme de 1,100 à 1,150° c. de chaleur. De sorte

3

que, pour des œufs laissés à l'air libre, l'éclosion naturelle aurait lieu vers le 4 ou 10 mai dans le Midi,
vers le 1er juin dans le centre de la France, année
commune. Les éducateurs en grand, cherchant à
obtenir l'éclosion des œufs à l'époque où la feuille
de mûrier sera suffisamment développée sans être
devenue trop dure, placent les œufs au printemps
dans une glacière ou une cave et leur font subir, le
moment opportun arrivé, l'incubation artificielle
dans une sorte d'étuve où pendant 6 à 12 jours, on
élève successivement la température de 10 à 25° c.

§ 2. — LARVE OU CHENILLE.

Le germe suffisamment développé dans l'œuf en
sort par ses propres forces. « Pour y parvenir, il
ronge la coquille sur le côté, jamais sur le plat.
Quand l'ouverture lui paraît assez grande, il s'ef-
force de la franchir; quelquefois, elle est insuffi-
sante pour donner passage à la tête : alors le ver se
retourne et sort à reculons, par la queue; mais la
tête ne pouvant se dégager, il s'agite vainement,
coiffé pour ainsi de sa coquille, jusqu'à ce qu'il pé-
risse de fatigue et de faim. Souvent aussi, quand les
œufs ont été détachés du corps (papier ou toile) auquel ils adhéraient, la coquille ne se sépare pas facilement du corps du ver; il la traîne partout avec lui. Il
grossit rapidement et meurt coupé en deux par ce
lien fatal, dont il n'a pu se débarrasser... Dès que le
ver a sorti sa tête de la coquille, il attache un fil de

soie au corps qu'il peut-atteindre, sans doute pour éviter de tomber ou d'être emporté par le vent. » (Robinet.)

L'éclosion de notre insecte nocturne n'a pas lieu indifféremment à toutes les heures, mais seulement pendant six surtout de la journée ; elle commence vers trois heures du matin, mais en petit nombre, elle est dans toute sa force vers six heures et cesse presque complétement vers neuf. Lorsqu'on met à l'incubation 100 grammes d'œufs pesés au dernier jour, l'éclosion terminée et complète, on retrouvera 20 grammes ou un cinquième environ de coquilles vides.

Le ver, au moment de son éclosion, n'a qu'une longueur de $0^m,002$ environ ; il est si grêle et si petit que, pour former le poids d'un gramme, il en faut réunir en moyenne 1,700. Il est alors d'un brun foncé, presque noir, mais cette coloration provient, non de sa peau (sauf les moricauds) qui est blanche, mais bien des nombreux poils noirs qui la recouvrent. A mesure que la chenille grossit, les poils deviennent relativement plus rares, bien qu'ils ne tombent ni ne se multiplient, leur nombre restant le même pour une surface qui se multipliera jusqu'à 72,000 fois. La peau ne tardera pas à paraître presque nue.

Aussitôt née, la jeune chenille cherche à manger et est douée d'un actif appétit. Pendant les quatre premiers jours, le ver mange et grossit ; le matin du cinquième, il cesse de manger, voûte son corps vers le milieu du thorax, la tête repliée vers le sol ; il jette çà et là quelques fils de soie sous lesquels il se glisse en laissant dégagée toute sa partie antérieure; il reste de douze à vingt-quatre heures dans cette position : c'est le sommeil qui précède toute mue. Après ce temps de repos, il s'agite de côté et d'autre comme cherchant à sortir d'un trou. Dans ces efforts, son épiderme qui constituait l'ancienne peau se rompt bientôt autour de la tête, puis se fend, suivant la ligne médiane sur le renflement dorsal de la partie thoracique; il sort de son ancienne peau devenue trop étroite et se trouve revêtu complétement d'un derme approprié à sa taille; il reprend sa position horizontale et sort peu à peu de sa prison qu'il abandonne à ses côtés: c'est sa première *mue*, il va entrer dans son second *âge*.

Son accroissement va continuer, mais trois fois encore il devra dormir et muer, les 9e, 15e, 21e jours après sa naissance; de sorte que sa vie comprend quatre mues et se compose de cinq âges, savoir :

1er âge. De la naissance au 5e jour........... 4 jours.
Première mue.

2e âge. Du 5e au 9e jour............. 4 jours.
Seconde mue.

3e âge. Du 9e au 15e jour............. 6 jours.
Troisième mue.

4e âge. Du 15e au 21e jour............ 6 jours.
Quatrième mue.

5e âge. Du 21e au 30e jour........... 9 jours.
Montée et coconnage.

Le second âge est le plus court et le cinquième

le plus long; la vie de la chenille dure donc en moyenne trente jours sous cette forme.

Mais il faut revenir sur la crise qu'on appelle mue. Le ver s'y est préparé par la diète et par l'expulsion des excréments, afin de réduire le diamètre de son corps. Il fait d'énergiques efforts, produit de violentes contractions musculaires pour se gonfler et rompre sa prison, tandis que l'épiderme nouveau laisse suinter un liquide particulier qui s'interpose entre la nouvelle et l'ancienne peau pour faciliter leur séparation. La tête délivrée, le ver met en liberté ses deux premières pattes, et à force de mouvements vermiculaires, il se débarrasse de son fourreau préalablement amarré par lui à l'aide de fils de soie. La nouvelle peau, après chaque mue, apparaît couverte d'une poussière farineuse, entièrement composée de cristaux d'acides urique et hippurique, résultant de la cristallisation du liquide interposé entre l'ancien et le nouvel épiderme en vue de faciliter le glissement de ces deux enveloppes l'une sur l'autre. Le ver qui vient de subir la mue, apparaît revêtu d'une peau humide et molle sur le corps; celle de la tête, qui fait corps à part, s'est détachée la première. Avant la mue, la tête paraissait trop petite pour le corps; après la mue elle paraît trop grosse. Après ce changement de peau, le ver ne tarde pas à reprendre sa couleur naturelle, d'un gris plus ou moins foncé, durant les trois premiers âges, blanc, gris très-clair pendant les deux derniers, à moins qu'il ne soit à peau noire (moricaud). Le nouveau museau qui, lors de son apparition, est d'un

blanc verdâtre, ne tarde pas non plus à passer au
brun d'abord, puis au noir.

Le ver s'est préparé à la mue par la diète, mais
les deux jours qui précèdent cette crise ont été ca-
ractérisés par une incroyable voracité. Cette phase
d'appétit insatiable a reçu le nom de *frèze;* la
frèze du dernier âge a reçu le nom de grande
frèze. En supposant la durée de l'éducation de
trente jours, les mues se présentant les 5ᵉ, 9ᵉ, 15ᵉ et
21ᵉ, les frèzes auront lieu les 3ᵉ et 4ᵉ, 6ᵉ et 7ᵉ, 12ᵉ et
13ᵉ, 18ᵉ et 19ᵉ, et la grande frèze les 27ᵉ et 28ᵉ jours.

Vers la fin du cinquième âge, la *grande frèze*
précède, non une nouvelle mue, mais la montée, le
coconnage et la transformation de la chenille en
chrysalide. C'est à ce moment que nous prendrons
la larve du Bombyx séricaire pour étudier son anatomie et la physiolologie de ses fonctions en la dis-
séquant.

Voyons l'extérieur d'abord : La chenille, parvenue
à son dernier développement, a généralement la
peau d'un blanc gris jaunâtre et recouverte de rares
poils noirs et assez rigides. Son corps est divisé en
douze *anneaux* (fig. 1) séparés l'un de l'autre par
des étranglements plus ou moins profonds, moins
dans les trois premiers, et entre les onzième et douzième, plus dans les autres. Les trois premiers anneaux portent des *taches* noires symétriques, disposées deux par deux, vers le sommet au premier
et au troisième, latérales au second ; le cinquième
porte deux taches noirâtres en forme de croissant,
situées sur les côtés de la ligne longitudinale supé-

rieure, le huitième en porte deux semblables, mais un peu moins saillante et de teinte moins foncée. Les 4e, 5e, 6e, 7e, 8e, 9e, 10e et 11e présentent sur le côté de petites raies noires tranversales, situées en

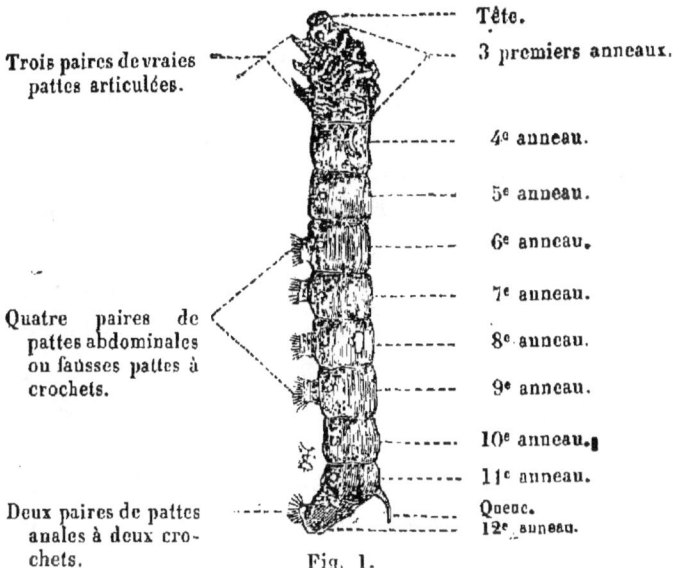

Tête.

Trois paires de vraies pattes articulées.

3 premiers anneaux.

4e anneau.

5e anneau.

6e anneau.

7e anneau.

Quatre paires de pattes abdominales ou fausses pattes à crochets.

8e anneau.

9e anneau.

10e anneau.

11e anneau.

Deux paires de pattes anales à deux crochets.

Queue.
12e anneau.

Fig. 1.
Ver à soie adulte.

arrière de l'étranglement des anneaux auquel elles sont parallèles. Le onzième anneau porte, à sa partie supérieure, un prolongement en forme de *queue* recourbée avec l'extrémité dirigée en haut et en arrière du corps. Enfin, les deuxième et troisième anneaux présentent de nombreux replis de peau affectant des dispositions symétriques mais différentes, formant des crêtes plus ou moins saillantes, des étranglements plus ou moins profonds.

Le *système locomoteur* se compose de huit paires de pattes, soit seize pattes ainsi disposées : trois paires de pattes articulées (4 articles dont le dernier est un ongle ou crochet), placées chacune sur un des côtés inférieurs des trois premiers anneaux ; quatre paires de pattes abdominales, membraneuses ou en couronne garnie de crochets, et placées chacune sous un des 6ᵉ, 7ᵉ, 8ᵉ et 9ᵉ anneaux ; enfin une paire de pattes anales ou caudales, conformées de même façon et placées sous le douzième anneau. Les 4ᵉ et 5ᵉ, 10ᵉ et 11ᵉ anneaux sont donc seuls dépourvus de pattes. Les *pattes articulées* et écailleuses, terminées par un ongle ou crochet conoïde et pointu, servent surtout à la progression, avec l'aide de la *paire anale et membraneuse.* Cette dernière, comme les *pattes abdominales ou fausses pattes,* est charnue, en forme de mamelon, recouverte d'une peau molle ; le renflement inférieur de ces pattes est disposé en forme de disque et garni sur son pourtour de poils courts et roides, recourbés en hameçon ; c'est à elles que le ver doit de pouvoir s'accrocher fortement aux corps sur lesquels il chemine.

L'*appareil digestif* (fig. 2) nous présentera à étudier la tête, l'estomac et les intestins. Les *organes masticateurs* (fig. 3) de la tête se composent de deux mâchoires dentelées en scie, se mouvant horizontalement comme les parties d'une porte à deux vantaux, ce qui explique pourquoi la chenille cherche toujours à prendre la feuille par le côté, afin de l'entamer en se mettant à cheval sur la trauche. Un *œsophage* composé de fibres longitudinales

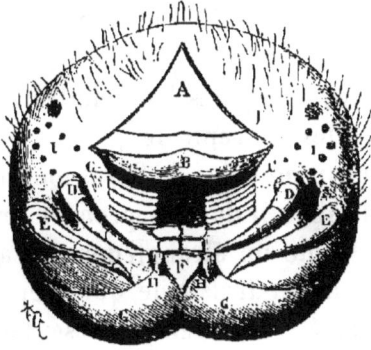

Fig. 2. Bouche de la chenille du ver à soie vue de face.

A. Écaille pariétale. — B. Lèvre supérieure. — CC. Mâchoires dentelées. — D. Antennes. — E. Gros barbillons. — F. Filière. —
G. Lèvre inférieure. — H. Petits barbillons. — I. Yeux.

et transversales, et occupant la longueur de la tête

Fig. 3. Bouche de la chenille du ver à soie vue d'en dessous.

et des deux premiers anneaux, fait communiquer la
bouche avec un large et long *estomac* qui occupe

3.

toute la partie supérieure du corps, du troisième
jusqu'à la moitié du neuvième anneau; cet estomac
ou ventricule présente des rides transversales à son
point d'origine (c'est cette portion qu'on a nommée
ventricule chylifique), des bandelettes fibreuses sur
ses faces dorsales et ventrales, et le reste de ses
membranes est un mélange de fibres longitudinales et
transverses. Il aboutit dans le premier *gros intestin*
(fig. 4), qui forme un étranglement et auquel succèdent les second et troisième qui, séparés encore
par de profonds étranglements, présentent sur toute
leur circonférence de larges bosselures. Dans le
second gros intestin, prend naissance l'*intestin grêle
de Lyonnet,* divisé en trois petites branches qui
viennent s'accoler sur l'estomac, latéralement, sur
ses deux faces dorsale et ventrale. Ces petits canaux
représentent en même temps le foie et les reins; on
les appelait autrefois les vaisseaux biliaires. Le gros
intestin vient enfin, après avoir fourni l'intestin
grêle, aboutir dans le *cloaque* où se terminent aussi
les trois branches des intestins grêles; ce cloaque se
termine à l'anus.

L'*appareil respiratoire* se compose de trachées
et de stigmates. Les *trachées* ou tubes aérifères, à
parois membraneuses et très-élastiques, sont destinées à conduire l'air vital dans toutes les parties
du corps; elles se ramifient à l'infini et aboutissent
au dehors par des ouvertures nommées stigmates.
La larve du ver à soie est munie de neuf *stigmates*
placés infrà-latéralement sur les 1er, 4e, 5e, 6e, 7e,
8e, 9e, 10e et 11e anneaux; les 2e, 3e et 12e seuls en

sont privés. Les stigmates forment sur la chenille autant de petits points noirs; leur ouverture extérieure est défendue contre l'introduction des corps étrangers par une série de petites membranes, dis-

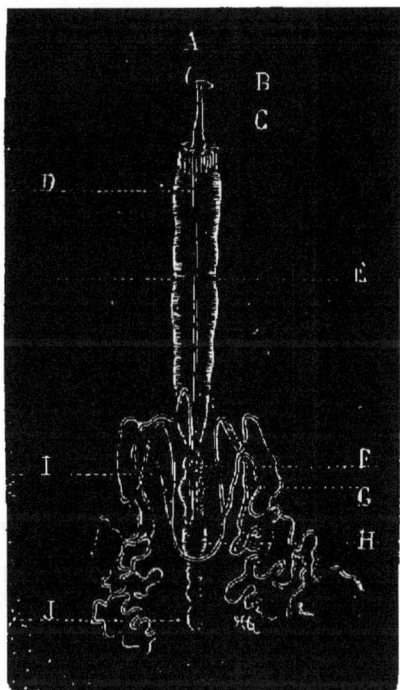

Fig. 4. Système digestif de la chenille du ver à soie,
d'après M. Pasteur.

A, Cavité de la bouche. — B. Pharynx. — C. OEsophage. — D. Bandelette fibreuse. — E. Estomac. — F 1er gros intestin. — G. 2e gros intestin. — H. 3e gros intestin. — I. Intestin grêle. — J. Cloaque.

posées comme les lames qui garnissent la calotte d'un champignon.

L'*appareil circulatoire* se compose uniquement

du *cœur ou vaisseau dorsal,* long tube dont l'extrémité antérieure s'ouvre dans le crâne, dont le diamètre se rétrécit à la hauteur des trois premiers anneaux, pour s'élargir ensuite et se terminer par un brusque amincissement avec le 11e anneau. Il occupe longitudinalement la partie médiane et supérieure du corps, immédiatement en dessous de la peau. A partir de la naissance du 4e anneau, le cœur fournit, à chaque étranglement correspondant aux anneaux, un épanouissement en queue de cheval de petits tubes qui s'anastomosent successivement. On sait que le sang des insectes est blanc; d'après Robinet, il serait blanc dans les vers des races blanches, et jaune dans ceux des races jaunes; c'est par simple endosmose que le chyle traverse les parois du tube digestif et se mêle au sang répandu dans tous les interstices des tissus. Le cœur exécute des mouvements de contraction et de dilatation vermiculaires, mais ne fournit aucun vaisseau circulatoire ramifié. Le liquide y pénètre par des ouvertures latérales garnies de valvules pour empêcher le reflux; après avoir hématosé le sang, le cœur le lance par une seule artère dans la tête d'où il se répand partout; partout, d'ailleurs, il rencontrera l'air puisé à l'extérieur par les stigmates et amené par les trachées.

L'*appareil génito-urinaire* se compose du *corps réniforme ou testicule,* à quatre lobes, muni d'un canal excréteur (uretère, queue, canaux urinaires, tubes de Malpighi), qui vient s'aboucher à la face inféro-latérale du cloaque. C   sont les reins, sécréteurs de l'urine; les *organes générateurs* n'existent pas dans la chenille. « Le ver à soie n'urine pas (ou du moins très-peu). Il en résulte que l'eau contenue dans la feuille (du mûrier), et qui ne reste pas dans le corps de l'animal pour contribuer à son développement, doit être expulsée par la transpiration. Aussi, cette fonction a-t-elle une grande importance chez les vers à soie, et tout ce qui la trouble est une cause de maladie. La transpiration a lieu par la peau et par les stigmates. » (Robinet.)

Le *système nerveux* de la chenille du ver à soie est composé, comme dans les autres insectes, d'une masse cérébrale ou cerveau, formé de deux ganglions symétriques et juxtaposés à la partie supérieure et interne de la tête. Il en part deux cordons nerveux qui cheminent le long de la peau, à la face ventrale, présentant vers le milieu de chacun des anneaux un renflement ganglionnaire, dans lequel les deux rameaux s'anastomosent et qui donnent naissance de chaque côté à deux ramifications nerveuses, destinées à desservir, en se divisant, les divers organes musculaires, circulatoires, digestifs, sécréteurs, etc.

Le *système musculaire* n'est pas moins parfait : on compte chez l'homme 529 muscles; la chenille du ver à soie en a 1,647, sans compter ceux de la tête et des pattes, c'est-à-dire 1,118 de plus. Ces muscles sont formés de fibres élémentaires qui ont la propriété de se contracter et de se relâcher, de se raccourcir et de s'allonger, sous l'influence de la volonté et du système nerveux, pour permettre à l'animal d'exécuter tous les mouvements.

Des *organes des sens,* les uns sont très-développés dans la chenille du ver à soie, et les autres obtus ou rudimentaires. Sur la face antéro-latérale de la tête, sur la peau qui unit les écailles pariétales au premier anneau, on peut remarquer, de chaque côté, six points noirs qu'on serait tenté de prendre pour des *yeux;* ce sont, en effet, des yeux rudimentaires; mais rien n'autorise à penser que le ver jouisse de la faculté de voir; il va butter, en effet, contre tous les corps qu'il rencontre, jusqu'à ce que ses antennes et ses pattes lui permettent de les reconnaître à l'aide du *toucher.* Les antennes, au nombre de deux (une de chaque côté de la tête), sont composées de trois articles, dont le dernier est armé de deux soies ou poils roides; les palpes sont au nombre de quatre : les deux gros barbillons (un de chaque côté) à trois articles aussi et placés au-dessous et un peu en avant des antennes, terminés comme elles par deux soies, et les deux petits barbillons placés chacun d'un côté de la filière, composés d'un seul article très-court et terminé par une soie. Le sens de *l'ouïe* parait très-obtus ou même absent chez notre chenille qui, du reste, est privée de la faculté d'émettre des sons. Il n'en est pas de même du sens de *l'odorat :* très-certainement, le ver en est pourvu, car il se porte immédiatement vers la feuille fraîche qu'on met à sa portée; il choisit aussi avec une grande sagacité, et sans doute à l'aide du sens du *goût,* entre plusieurs variétés de feuilles qu'on lui offre après les avoir mélangées.

L'un des organes du ver à soie qui offre pour nous le plus d'importance, c'est à coup sûr celui chargé de l'élaboration et de l'émission, ou, si mieux l'on aime, de la secrétion de la soie. L'appareil (fig. 5) chargé de cette fonction se compose : 1° D'une partie intermédiaire ou *réservoir de la soie*, gros tube jaune aminci et recourbé à chacune de ses extrémités, et placé des deux côtés et en dessous du tube intestinal, à la hauteur comprise entre les 4e et 8e anneaux. Son extrémité antérieure s'amincit graduellement en un petit tube qui, s'accolant sur les côtés et en dessus du réservoir, forme un grand nombre de circonvolutions et se termine par un cul-de-sac entre le 9e et le 10e anneau (c'est le tube grêle); son extrémité postérieure s'amincit aussi, mais moins rapidement, pour constituer un second tube qui suit le réservoir sur sa face latérale et interne, puis le quittant, se prolonge vers la tête (c'est le tube capillaire ou conduit excréteur de la soie) où il s'anastomose avec celui de l'autre côté du corps pour former le tuyau soyeux qui va s'engager dans un conduit membraneux, creusé dans la filière qui sert d'orifice excréteur. On croit que cet organe sécréteur est une modification des glandes salivaires.

2° D'un *vaisseau dissolvant de la soie*, tube d'un diamètre presque double des tubes grêle et capillaire, occupant une portion latérale des trois premiers anneaux, se terminant en cul-de-sac en arrière, s'amincissant en avant pour venir se terminer dans la filière. 3° D'une *petite glande* rouge

jaunâtre, placée (en double) sous le plancher de la
bouche et munie d'un conduit excréteur qui s'ouvre,
lui aussi, dans la filière; cette glande a été découverte par le docteur Auzoux. *4° De la filière,* sorte

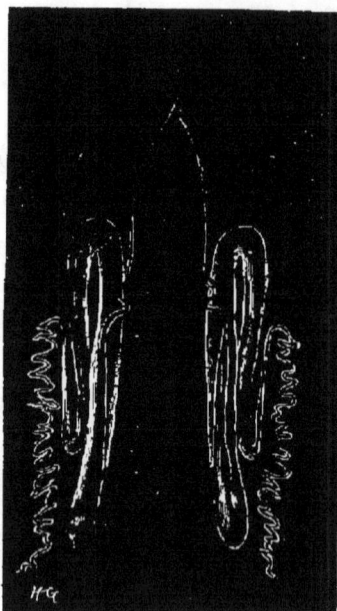

Fig. 5. Organes sécréteurs de la chenille du ver à soie.

de bec articulé, mobile, appelée aussi trompe soyeuse
ou papille de la soie. « Elle se trouve placée sur la
lèvre inférieure au-dessous de la bouche, et forme,
pour ainsi dire, le menton du ver à soie. Elle se compose d'un cône membraneux consolidé par trois
saillies brunes, plus solides qu'elle. Sa base est garnie
d'une partie cornée, noire, en forme de cœur. La

trompe est terminée par deux petits mamelons (petits barbillons) que dessine une légère dépression
dans l'axe du cône. On y voit aussi deux palpes très-
délicates; elles dirigent l'insecte dans le choix de la
place convenable pour placer son fil. L'issue de la
soie (ou filière) est une ouverture presque ronde,
un peu en cœur et susceptible de contractions. La
trompe entière peut se mouvoir comme un suçoir.
Elle peut rentrer en partie dans le bec et s'allonger,
au contraire, dans d'autres circonstances. »

Si l'on ouvre le réservoir de la soie, on y trouve
la matière soyeuse sous forme d'une gelée blanche
ou jaunâtre selon la race; si l'on ouvre le tube capillaire ou excréteur, on y retrouve la même matière, mais plus concrète, plus résistante; les deux
tubes similaires se soudant l'un à l'autre, la matière
soyeuse arrive à l'entrée de la filière sous la forme
d'un fil unique qui reçoit d'abord le produit de sécrétion du vaisseau dissolvant, imprégnation qui a
pour but de rendre le fil soluble, puis le produit de
sécrétion de la petite glande d'Auzoux, ou grèz,
sorte de vernis imperméable qui rend le fil insoluble,
excepté dans les acides concentrés et les alcalis
caustiques. Le grèz, qui forme environ le cinquième
du poids du fil, paraît être composé d'une matière
azotée soluble dans l'eau, d'une autre matière azotée
insoluble, d'une matière grasse analogue à la cire
et d'une huile volatile odorante.

Le conduit soyeux passe entre deux muscles relativement puissants, l'un en dessus, l'autre en dessous, qui ont sans doute pour double but de com-

primer le fil avant son passage dans la filière et de
diminuer son diamètre et, dans certains cas, d'arrêter la sortie de ce fil et d'empêcher son étirage,
puisque le ver à soie peut s'y suspendre solidement
de tout son poids, sans qu'il s'allonge. Il est bien
entendu que l'organe sécréteur de la soie existe dès
la naissance du ver, mais qu'il n'atteint le summum
de son activité que successivement et en particulier
durant la fin de son dernier âge.

Il est temps maintenant de revenir aux mœurs et
au développement de notre chenille : nous l'avons
vue successivement s'accroître de $0^m,002$ à $0^m,08$ ou
$0^m,09$ de longueur, de $0^{gr},0006$ à $0^k,005$ à $0^k,006$ en
poids, traversant cinq âges, subissant trois parfois,
et le plus souvent quatre mues. Pour accomplir ces
diverses phases, pour atteindre ce développement
complet, chaque ver a consommé, en moyenne,
50 grammes de feuilles de mûrier. A la fin du dernier âge, le ver arrive à ce que l'on nomme sa maturité. Son appétit diminue et bientôt il cesse de
manger. Sa couleur devient jaunâtre et sa peau
presque transparente; il ramasse tout son corps sur
lui-même et semble se flétrir. L'animal expulse les
matières que contenait son tube digestif, il se vide,
suivant l'expression vulgaire. Ces déjections se composent d'excréments et d'un liquide blanc, alcalin,
ammoniacal, analogue à l'urine. Renonçant à ses
habitudes sédentaires, il s'agite sur sa litière, lève
la tête, dirige en tous sens la partie antérieure de
son corps. Il se promène dans diverses directions,
cherchant à gravir le long des corps placés vertica-

lement. C'est la *montée*; le ver cherche un endroit propice, une retraite, un angle, pour placer le cocon dans lequel il va s'ensevelir. Il cherche tant qu'il n'a trouvé que des surfaces planes; il lui faut des surfaces angulaires, irrégulières, des encoignures, des entre-croisements, l'angle d'une tablette ou d'un mur, des cornets de papier, des copeaux de bois, des branchages d'arbrisseaux, où il puisse s'établir commodément.

Lorsqu'il a trouvé l'emplacement propice, il tend de divers côtés et en tous sens, à droite et à gauche, en dessus et en dessous, en haut et en bas, des fils résistants et épais qui représentent la charpente et serviront d'amarres, et au centre desquels, se concentrant, il va filer son *cocon*. Les amarres fourniront la *bourre*, de la soie, mais de la soie grossière. La charpente une fois établie et suffisante, le ver se place donc au centre, s'y recourbe en fer à cheval, le dos en dedans, les pattes en dehors, afin de réduire au minimum la place qu'il occupe.

Nous ne saurions mieux faire que d'emprunter littéralement la description de ce merveilleux travail au remarquable ouvrage de M. Robinet, à qui la sériciculture doit une bonne partie de ce qu'elle sait au point de vue théorique aussi bien que pratique : « Dans cette position, dit-il, le ver continue à disposer son fil tout autour de lui, en rapprochant de plus en plus les points d'attache, et il arrive au point de décrire avec sa trompe soyeuse des zigzags très-courts. Quelquefois, il paraît prendre pendant quelque temps une même série de zigzags, puis il fait un

écart de quelque étendue et entreprend une autre
série; il revient, retourne, s'éloigne, et garnit ainsi
successivement tout l'espace vide qu'il s'est réservé
au centre de la bourre.

« Pour diriger le fil à mesure qu'il est produit,
pour donner à la couche soyeuse qui s'épaissit de plus
en plus, la forme qui lui convient, le ver s'aide de ses
palpes et de ses pattes articulées; ses mouvements
ressemblent à ceux d'un chien ou d'un chat qui,
parvenu dans l'intérieur d'un tas de foin, s'y creuse
un lit en refoulant l'herbe de tous côtés, jusqu'à ce
qu'il ait formé une cavité arrondie dans laquelle il
puisse séjourner commodément.

« Le ver pétrit donc en quelque sorte la couche
de soie à mesure qu'elle sèche et durcit. Il forme
ainsi, autour de lui, une *coque* plus ou moins sphérique, ovale ou cylindrique, c'est le *cocon.*

« On peut observer ce travail à loisir, tant que la
couche de soie n'est pas assez épaisse pour dérober
entièrement le ver à la vue. On remarque alors que
le ver à soie fait environ par seconde un mouvement
d'une étendue de cinq millimètres à peu près. La
longueur des fils étant connue (1,500 mètres), il en
résulte que le ver fait 300,000 mouvements de tête
pour former son cocon. S'il emploie soixante-douze
heures à ce travail, c'est 100,000 mouvements par
vingt-quatre heures, 4,166 par heure et 69 par minute, c'est-à-dire un peu plus d'un par seconde. »
(*Manuel de l'éducateur de vers à soie,* p. 36-37.)

Si l'on a pesé le ver au moment de la montée, et
que l'on repèse le cocon terminé, on remarque qu'il

y a eu une diminution d'environ moitié, due : 1° aux
dernières évacuations alvines du ver avant le commencement de la coque ; 2° à une énorme transpiration pendant le travail du tissage ; 3° enfin à la dessiccation de la soie au contact de l'air. Mais elle varie
un peu suivant les races : elle est en moyenne de
52 pour 100 dans celle Sina, 47 pour 100 dans la
jaune de Tours, 49,66 pour 100 dans celle de
Loudun, 55 pour 100 dans le Turin, 47 pour 100
dans l'Espagnolet, 57 pour 100 dans la race Cora,
45,5 pour 100 dans le Roquemaure, 58 pour 100
dans la race de Dandolo, etc.; cette perte peut, dans
certains cas, s'élever jusqu'à 60 pour 100.

A partir du moment où le ver a commencé à filer
son cocon, c'est le même fil qui, sans discontinuité,
y a été employé, pour confectionner la bourre d'a-
bord, puis le cocon proprement dit. Mais ce fil con-
tinu a été constamment en diminuant de diamètre,
de sorte qu'à mesure qu'on pénètre de l'extérieur à
l'intérieur du cocon, la soie devient de plus en plus
fine. La longueur de ce fil est donc considérable.
« On a prétendu, dit Robinet, que cette longueur
était la même pour tous les cocons et que ce fil diffé-
rait seulement par sa grosseur. Rien ne prouve qu'il
en soit ainsi. Il est plus naturel de penser que certaines races et certains vers construisent des fils plus
ou moins longs. Le diamètre moyen de ce fil est de
7 à 15 millièmes de millimètre de diamètre, sa longueur de 1,500 mètres ; il est si léger qu'il en faut,
en moyenne, 3,750 mètres de longueur pour peser
un gramme, et qu'un kilogramme représente con-

séquemment 3,750,000 mètres de ce fil de soie. »

« Les fils de soie forment des filaments homogènes, sans granulations intérieures, sans canal médullaire, irrégulièrement aplatis, à surface lisse, transparents, colorant fortement la lumière blanche polarisée. Nous avons dit que la largeur des fils de soie est de $0^m,007$ à $0^m,015$ environ. Leur épaisseur est, sur beaucoup, près de moitié moindre. Ces filaments cassent net, sans qu'on puisse découvrir dans leur cassure des fibrilles élémentaires. Si on les traite par l'aide azotique, ils jaunissent un peu, se gonflent jusqu'à atteindre $0^m,005$ et même plus; en même temps, les brins se ramollissent, se dissolvent et disparaissent. » (Ch. Robin.) Élémentairement, elle est composée de : Carbone, 50,69 pour 100; hydrogène, 3,94; oxygène, 34,04, et azote, 11,33 pour 100 Quand nous nous occuperons de la filature, nous étudierons ses propriétés physiques.

Le cocon à l'état naturel, au moment de la vente est ainsi composé :

	ÉLÉMENTS pour 100.	AZOTE pour 100.
Eau.	68.2	»
Soie.	14.3	1.51
Bave et bourre.	0.7	0.12
Chrysalide..	16.8	1.51
Total.	100.0	3.14

Mais c'est ici le lieu de dire que les cocons des diverses races, des différents sexes, soumis à des régimes dissemblables, présentent souvent de notables différences dans leur diamètre et leur poids.

Dans le diamètre, mesurant le petit et le grand diamètres, les additionnant et divisant le total par deux, on a obtenu le diamètre moyen :

Pour les cocons de race Sina. . . . . 23 millimètres.
 —   jaune de Tours. . 23   —
 —   Loudun. 25   —

Dans le poids, soit que l'on cherche le nombre de cocons nécessaire pour équilibrer un kilogramme, soit que l'on pèse un cocon isolé, dix ou cent cocons ensemble. M. Robinet, dans ses éducations de 1838, a trouvé, pour un assez grand nombre de races, les chiffres suivants :

RACES ET RÉGIME.	NOMBRE DE COCONS au kilogr.	POIDS d'un cocon.
Blanche de Tours, élevée en plein air.	640	1^{gr} 56
— en magnanerie. . .	460	2 17
— au mûrier noir. . .	480	2 08
— au mûrier de Virg^{ie}.	676	1 47
Sina d'Annonay, en magnanerie. . . .	532	1 87
— avec addition de poudre de feuilles.	520	1 92
— avec addition de poudre de riz. .	520	1 92
— éclosion du 28 mai.	520	1 92
— éclosion du 27 mai..	510	1 96
— éclosion du 26 mai..	500	2 00
Turin en magnanerie.	500	2 00
Sina d'Annonay accidentellement jaune	480	2 08
Roux de Sauve.	340	2 94
Jaune à trois mues.	670	1 48
Giali à huit repas par jour.	507	1 96
Giali à quatre repas par jour.	537	1 86
Pesaro à huit repas par jour.	430	2 35
Pesaro à quatre repas par jour. . . .	464	2 17

Il n'est pas rare que des vers faibles, malades, pressés de monter et de filer, se réunissent deux et

même trois, pour se renfermer dans un même
cocon qui reçoit alors les noms de double, doublon,
douppion, chique, etc. Ces douppions sont gros,
ronds, très-durs, formés d'un tissu cotonneux et
mat. Leur nombre est d'autant plus considérable
que l'éducation est défectueuse; la proportion varie
au maximum entre 10 à 12 pour 100, et au minimum entre 3 à 5 pour 100. Un douppion filé
par deux vers est presque toujours plus léger que
deux cocons filés isolément par des vers de même
race, témoin les chiffres suivants empruntés aux
éducations de M. Robinet en 1841.

RACES.	POIDS du cocon double.	POIDS de deux cocons doubles.
Dandolo.	4gr 900	5gr 900
Touraine.	3 600	3 700
Languedoc.	4 750	5 100
Sy. iens.	4 250	4 000
Loudun..	4 550	4 680
Moyennes.	4 410	4 670

Quant au sexe, les cocons qui renferment les fu-
tures femelles sont plus lourds que ceux qui fourniront les mâles. Ce procédé indiqué pour la première
fois, croyons-nous, par M. Loiseleur-Deslongchamps,
consiste à choisir un même nombre de cocons, réguliers de formes, pesant, les uns moins que le
poids moyen des cocons de la race, ce seront les
mâles; les autres plus que ce poids, ce seront les
femelles.

La proportion de soie fournie par le cocon varie
selon la race, les circonstances de l'éducation, le

régime auquel ont été soumis les vers, le poids de la chrysalide renfermée dans le cocon, la grosseur et le poids de celui-ci. Empruntons encore à M. Robinet le résultat de ses expériences :

RACES ET RÉGIME.	POIDS du cocon.	SOIE pour 100.	CHRYSALIDE pour 100.
Blanche de Tours en plein air.	1gr 56	10.90	89.10
Sina de Neuilly.	1 85	11.20	88.80
Blanche de Tours en magnanerie	2 17	11.40	88.60
Sina d'Annonay.	2 11	11.85	88.15
Sina à peau noire (moricaud).	1 98	12.55	87.45
Jaune à trois mues.	1 68	12.70	87.30
Sina ordinaire.	2 00	12.87	87.13
Sina jaune d'Annonay (accidentel).	2 04	13.23	86.77
Blanche de Tours (au mûrier noir).	2 21	13.45	86.55
Blanche de Tours (au mûrier de Virginie).	1 56	13.82	86.18
Rousse de Sauve (Cévennes).	2 99	15.01	84.99
Jaune de Turin.	1 93	20.19	79.81

La richesse en soie des cocons doubles est, en général, inférieure aussi à celle de deux cocons simples de même race et soumis au même régime, et cela dans les proportions suivantes :

RACES.	SOIE dans les cocons doubles. pour 100.	SOIE dans les cocons simples. pour 100.
Touraine.	15.20	14.00
Languedoc.	14.30	15.00
Loudun.	16.50	18.00
Aubenas.	10.00	15.00

4

§ 3. — Nymphe ou Chrysalide.

Nous avons vu que la chenille emploie environ
soixante-douze heures au tissage de son cocon; en
tous cas, il est terminé au bout de trois ou au plus
quatre jours. Elle a, pendant ce temps, beaucoup
diminué de poids, et va se préparer à subir une
autre métamorphose. C'est encore à M. Robinet que
l'on doit la seule étude complète qui ait été faite à
ce sujet; nous ne pouvons donc mieux faire que de
la reproduire :

« Le ver (fig. 6), qui vient d'achever son cocon,

Fig. 6. Ver près de se transformer en chrysalide.

est devenu d'un blanc mat et comme cireux; les articulations de son corps sont très-prononcées et séparées par des plis profonds. Il paraît tuméfié dans sa
partie moyenne; celle qui avoisine la tête est d'un
jaune pâle et demi-transparente. Ce caractère ne
dépasse pas les deux premiers anneaux. L'autre extrémité du corps devient noire. Les stigmates se des-
sinent aussi de plus en plus et paraissent bientôt
réunis par une raie sous-cutanée foncée qui va de
l'un à l'autre, et qui n'est autre chose que les tra-

chées qui font communiquer les stigmates entre eux.

« Les pattes en couronne ou les pattes sous-abdomi-
nales se flétrissent peu à peu ; d'abord les postérieures,
puis les autres successivement ; il semble qu'elles se
rident. On distingue alors très-aisément les poils
dont elles sont hérissées et les petits crochets qui les
entourent. Les six pattes de devant se rapprochent
et noircissent ; les parties de la bouche, ou ce qu'on
appelle vulgairement le bec, s'inclinent de plus en
plus vers elles, et, par conséquent, se portent en
dessous.

– « Bientôt on voit apparaître quelques rides sur la
peau. Ce phénomène commence vers la partie postérieure de l'animal et se propage peu à peu vers la
tête. L'épiderme devient transparent, et l'on distingue au travers les anneaux de la chrysalide. Rien
ne paraît encore vers la tête. Il semble alors que la
peau de la chenille étrangle la chrysalide vers le
troisième anneau. A travers l'épiderme, on voit sur
le dos de l'insecte la ligne rougeâtre formée par le
vaisseau dorsal ou cœur, et l'on distingue aisément
le mouvement péristaltique du liquide qu'il contient.
De temps en temps, la chenille fait quelques légers mouvements, mais elle ne cherche pas à prendre
une position déterminée ; la chrysalide, au contraire,
fait tous ses efforts pour ne pas rester sur le dos. Les
plis de la peau se prononcent de plus en plus, et les
parties de la bouche de la chenille sont devenues in-
sensibles au toucher. Quand ces divers caractères
sont réunis, on peut être assuré que la métamorphose ne tardera pas à se faire.

« En effet, le moment arrive où l'on peut juger que l'épiderme est désormais entièrement indépendant de la larve : celle-ci commence alors une suite de mouvements analogues à ceux d'un ver qui marche ; c'est aussi le mouvement du ver à soie qui mue, avec cette différence, cependant, que, dans la mue, la chenille abandonne la peau ancienne qui a été fixée préalablement aux corps environnants, tandis qu'ici, le ver doit la rejeter sans avoir eu la précaution d'établir cette adhérence. La peau se détache donc et se trouve refoulée successivement vers la partie postérieure ; il est évident qu'elle est très-humide dans ce moment, ce qui résulte d'un suintement qui a eu lieu à la surface de la chrysalide ; on verra tout à l'heure que ce suintement atteint un double but.

« Quand une certaine étendue de la peau est ainsi refoulée, il s'y fait une déchirure, immédiatement au-dessus de la tête, sur une ligne médiane et longitudinalement ; elle commence dans une petite tache noire, en forme de fer de lance, qui garnit les deux côtés de la ligne médiane, sur le sommet du premier anneau. Cette déchirure ne s'étend pas plus loin que le tiers antérieur de la peau ; elle se fait au centre de la tache, après quelques efforts que fait la chrysalide dans son premier anneau ; elle s'élargit et la chrysalide paraît à nu.

« La membrane est d'une ténuité extrême : même avec une forte loupe, on a de la peine à distinguer les bords de la déchirure. Le dépouillement des trachées, dont j'ai parlé plus haut, retarde un peu la métamorphose, parce que la membrane qui les tapisse intérieurement se détache et suit la peau, sous l'apparence de fils noirs. Enfin, les parties de la bouche de la chenille sont entraînées en dessous avec les pattes; elles sont suivies par une membrane qui sort de la partie de la chrysalide représentant la tête du papillon, et qui tapissait sans doute la bouche et l'œsophage du ver. Cette membrane est noire; elle a environ 1 millimètre de longueur.

« La chrysalide paraît de plus en plus. Les organes extérieurs du papillon se montrent distinctement : la tête, les antennes, les ailes, les pattes; ils sont formés par une matière homogène, jaunâtre, transparente, liquide, contenue dans une membrane excessivement fine. Les stigmates subsistent et sont ouverts.

« Enfin, grâce aux efforts répétés de la chrysalide, l'enveloppe de la chenille se trouve bientôt rejetée tout entière à l'extrémité postérieure, et ramassée sous la forme d'une membrane plissée; il ne faut pour cela que cinq à six minutes: c'est ce qui explique la difficulté de saisir le moment précis du phénomène. Il dure un peu plus longtemps quand l'animal est exposé à l'air froid. A mesure que la peau descend, on aperçoit sur la chrysalide de nouveaux poils.

« La chrysalide (fig. 7) est alors presque blanche, quelques parties seulement sont légèrement colorées en jaune rougeâtre; mais elle change promptement de couleur et devient d'un rouge brun. Si on la plonge toute fraîche dans l'esprit-de-vin, les par-

4.

ties qui doivent servir à la formation des antennes et
des ailes et affectent déjà leurs formes, se détachent
partiellement et flottent dans le liquide, ce qui
prouve que plus tard elles se seraient soudées au
corps de la chrysalide, sans doute à la faveur du
liquide lubrifiant. En effet, quand le papillon abandonne l'enveloppe de la chrysalide, cette enveloppe

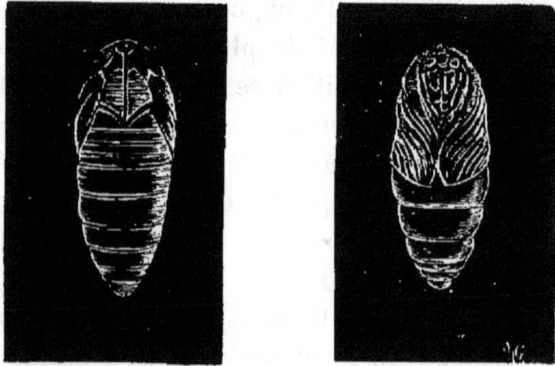

Fig 7.

Chrysalide vue du dessus.   Chrysalide vu du dessous.

se présente sous la forme d'une membrane brune,
très-mince, unique, dont toutes les parties sont
réunies. Bien que j'aie pris plus loin plusieurs fois de
plonger des chrysalides dans l'alcool, lorsque le dépouillement était à peine commencé, il sort le plus
souvent achevé dans ce liquide. Cependant j'ai pu
conserver des sujets saisis aux différentes périodes
du phènomène. »

   Cette troisième phase des métamorphoses dure de
dix-huit à vingt jours ; ce temps peut être abrégé, en

plaçant les cocons à une température un peu élevée ;
il peut être prolongé aussi en soumettant le cocon à
une température assez mais non pourtant trop basse
(12 à 14° c.); on peut ainsi retarder leur transformation en papillon jusqu'au printemps suivant,
ainsi que cela se produit naturellement pour un
grand nombre de lépidoptères de nos climats.

La chrysalide ainsi formée, et qu'on appelle aussi
fève, puppe, nymphe, etc., reste donc plongée durant dix-huit à vingt jours dans une sorte de tor-
peur, de sommeil apparent, pendant lequel s'opère
un immense et curieux travail interne. Presque privée de la faculté de se mouvoir, inerte, comme
morte, enveloppée dans une membrane étroitement
tendue sur son corps, composée intérieurement
d'une substance homogène, jaunâtre, transparente,
liquide, elle est le moule, le maillot, dans lequel se
préparent les divers organes du papillon : on y distingue, en dessous de la peau, la tête, les antennes,
les pattes, les ailes, etc. Nous verrons l'insecte parfait en surgir tout à l'heure. Dans la chrysalide,
l'intestin, considérablement réduit par rapport à ce
qu'il était dans la larve, offre essentiellement, sur
son parcours, deux renflements ou poches, que l'on
peut désigner sous les noms de *poche stomacale* et
de *poche cœcale* (fig. 8). Celle-ci est destinée à recueillir le liquide que le papillon rejettera, avant ou
après l'accouplement, liquide ordinairement troublé par une poussière de sels uriques, peu solubles
dans l'eau, mais solubles dans les acides et les alcalis. (M. Pasteur.)

Le poids de la chrysalide est généralement en
rapport avec celui du ver qui lui a donné naissance

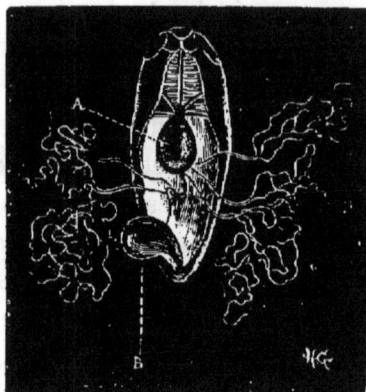

Fig. 8. Chrysalide ouverte, d'après M. Pasteur.
A. Poche stomacale. — B. Poche cœcale.

et du cocon qui la renferme, ainsi que le démontre
le tableau suivant :

RACES.	POIDS du ver à la montée.	POIDS du cocon.	POIDS de la chrysalide.
Sina.	3^{gr} 34	1^{gr} 47	1^{gr} 25 ou 86 p. 100
Jaune de Tours.	3 42	1 78	1 51 ou 86 —
Loudun..	4 50	2 34	1 92 ou 82 —

§ 4. — PAPILLON OU INSECTE PARFAIT.

La chrysalide s'est préparée, dans le repos et à
l'abri, à sa dernière métamorphose. En effet, le cocon que se filent un grand nombre de chenilles paraît avoir surtout pour rôle harmonique de diminuer

l'évaporation de la larve et de sa nymphe et le re-
froidissement superficiel qui en résulterait; si on
retire une chrysalide de son cocon, on la trouve
toujours plus chaude que l'air ambiant; puis, mise
à l'air, la température de sa surface s'abaisse promptement jusqu'à atteindre d'abord, et dépasser bientôt, celle de l'air qui l'entoure, à mesure que l'évaporation superficielle amène des pertes de poids
croissantes.

A proprement dire, la naissance du papillon,
sa libération hors de la peau qui le comprimait
sous forme de nymphe, a lieu dans le cocon même
et à l'abri de nos regards. Par suite des efforts
musculaires de l'insecte, sa peau de nymphe se
rompt dans la région de la tête, ainsi que pour
tous ses précédents changements de peau; puis,
se cramponnant en avant à l'aide de ses pattes, il
fait, après un léger temps de repos, activement mouvoir les anneaux de son abdomen et sort lentement
de sa première prison.

Mais cette évasion n'est pas la plus difficile. Heureusement, la nature a doté le papillon de notre ver
à soie, comme celui de tous les lépidoptères à cocon
fermé, d'une petite glande particulière, placée près
de la bouche, découverte par M. Guérin-Menneville, et qui sécrète un liquide dissolvant du vernis
ou grèz. C'est à l'aide de ce liquide blanc, sans saveur, à odeur nulle, ni alcalin, ni acide, d'une nature particulière, enfin, et jusqu'ici inconnue, que
le papillon écarte, sépare les filaments soyeux de
l'un des bouts de son cocon, sans les rompre ni les

couper, afin de s'y ménager une ouverture à peu près
circulaire pour en sortir.

Son éclosion intérieure est aisée à présumer,
puisque, presque aussitôt, on voit apparaître à l'un
des bouts du cocon une petite tache, une mouillure
qui s'étend successivement en rond; l'enveloppe
soyeuse se gonfle en ce point, vient faire saillie au
debors, puis s'ouvre, et la tête du papillon apparaît.
Il achèvera d'en sortir par les moyens qui lui ont
déjà cinq fois servi. Par ses efforts, il commence par
dégager ses pattes pour lesquelles il cherchera un
solide point d'appui, puis il se cramponne et finit
par faire franchir à son thorax et à son abdomen l'é-
troit passage qu'il s'est ouvert.

Le papillon est alors tout humide, ses ailes sont
repliées sur elles-mêmes, il les déploie, les déplisse
d'abord et les laisse étendues à plat; il cherche peu
après un endroit où il puisse gravir, c'est-à-dire se
suspendre par les pattes, la tête en haut, l'abdomen
en bas, les ailes relevées perpendiculairement au
corps; lorsque celles-ci seront sèches complétement,
il les rabat sur son dos, et ce sera désormais leur position habituelle.

Ce papillon, l'insecte parfait du *Sericaria mori*,
nous présente un aspect bien différent de sa larve :
son corps présente bien distincts une tête, un thorax
et un abdomen. La tête de la chenille s'est transfor-
mée en la tête du papillon, nous verrons dans un
instant avec quelles modifications; les trois premiers anneaux de la chenille constituent le nouveau
thorax, et les neufs derniers formeront le nouvel

abdomen qui n'est composé que de sept segments
(fig. 9).

Long de 0ᵐ,022 à 0ᵐ,025, il est d'un blanc jaunâtre, grisâtre ou rosé, et ses ailes ont 0ᵐ,040 à
0ᵐ,045 d'envergure, voilà pour le mâle; la femelle
est plus grosse, surtout de l'abdomen qui contient

Fig. 9 et 10. Papillons mâle et femelle.

les œufs; elle atteint 0ᵐ,038 à 0ᵐ0,42 de longueur et
0ᵐ,050 à 0ᵐ,055 d'envergure (fig. 10). Tous deux
portent sur les ailes un croissant et deux bandes
transversales à peine visibles dans la femelle, d'un
brun grisâtre plus ou moins foncé dans le mâle. Tous
deux sont munis d'antennes pectinées ou en forme
de peigne, plus grandes et plus foncées en couleur
chez le mâle que chez la femelle. Bien qu'ils aient

quatre ailes , les papillons de nos races domestiques
ne volent point ; tout au plus le mâle à la recherche
de la femelle court-il en agitant plus ou moins
vivement ses ailes.

Le papillon du *Sericaria mori* porte trois paires
de pattes thoraciques, dont les tarses comptent cinq
articles, une paire d'yeux à facettes plus développées chez le mâle que chez la femelle. Dans les
deux sexes, la trompe est restée à l'état rudimen-
taire, et dans ce dernier état, notre ver à soie ne se
nourrit aucunement pendant les huit, dix ou quinze
jours qu'il dure et après lesquels l'insecte semble
se dessécher et meurt de vieillesse et d'épuisement.

Nous avons vu que la chrysalide était munie d'un
organe particulier, d'une poche cœcale, sorte de
renflement intestinal, destiné à recevoir une sorte
d'excrétion urinaire, qui s'y collige pendant la durée de sa vie dans le cocon. Ce liquide est expulsé
par le papillon peu de temps après son éclosion,
soit avant, soit après l'accouplement. Tantôt ce liquide est transparent comme de l'eau, tantôt il est
d'un roux jaunâtre, le plus souvent, il est d'un
blanc laiteux ; il se compose, d'après M. Lassaigne :
1° d'une grande quantité d'acide urique, dont une
partie est unie à un peu d'ammoniaque (urate d'ammoniaque) ; 2° d'une matière extractiforme, colorée
en rouge, soluble dans l'eau et incristallisable ;
enfin, il a une réaction acide très-prononcée.

De même que la larve de notre insecte nocturne
n'éclôt de son œuf que la nuit ou dans la première
partie de la matinée, de même aussi, le papillon ne

sort généralement du cocon que le matin de très-
bonne heure, et pendant les trois ou au plus quatre
heures qui suivent le lever du soleil. C'est à tort
qu'on a prétendu que les femelles naissaient les premières et en plus grand nombre que les mâles. Les
sexes sont régulièrement en nombres à peu de chose
près égaux à l'éclosion, et ce sont plutôt les naissances mâles qui dominent ; puis, à la fin de la période d'éclosion, les naissances femelles au milieu.
Sur 1,500 cocons de race sina filés à peu près à la
même époque, à la magnanerie départementale de
Poitiers, les éclosions se sont présentées comme
suit :

JOURS.	MALES.	FEMELLES.	TOTAL.
1er jour.	10	»	10
2e jour.	34	16	50
3e jour.	186	93	279
4e jour.	200	180	380
5e jour.	157	200	357
6e jour.	56	100	156
Le 7e jour, il reste à éclore..	73	195	268
Totaux.	716	784	1.500

Le papillon nous représente la forme *parfaite*,
l'âge adulte du ver à soie ; il n'a plus qu'une fonction à remplir : reproduire son espèce. A l'aide de
quels organes ? C'est ce qu'il nous reste à étudier.
Commençons par le mâle. Ses organes générateurs
sont en partie contenus dans l'abdomen (fig. 11) :
1° deux *testicules* réniformes ayant chacun, 2° un
canal déférent qui présente vers la moitié de sa longueur un renflement ; c'est 3° la *vésicule séminale* à

laquelle succède, 4° un *canal éjaculateur* commun
qui vient se terminer à l'extrémité du pénis. Les
parties externes sont : 5° le *pénis*, dirigé en arrière,
placé en dessous de l'anus et garni, 6° de diverses
pièces copulatrices destinées à assurer l'accouplement.

Les organes génitaux de la femelle se composent,
intérieurement : 1° de deux ovaires en tubes allon-

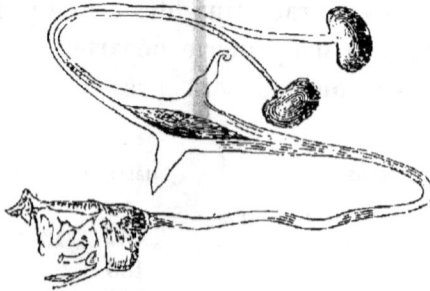

(Fig. 11. Organes reproducteurs du papillon mâle.

gés, et dont le sommet est fixé aux parois dorsales
par un ligament quadrifide ; à leur base, ces tubes,
déjà remplis d'œufs disposés en chapelets dès l'éclosion, se réunissent d'abord entre eux, puis à ceux
du côté opposé pour former, 2° un canal commun
appelé *oviducte ;* dans ce même canal viennent dé-
boucher le conduit, 3° d'une *vésicule trilobée* sécré-
tant et versant sur les œufs, à leur passage, un
liquide particulier ; 4° l'un des deux conduits
(fig. 12) d'une seconde *vésicule ampullaire* qui
renferme un corps semi-concret et transparent, et
dont e second conduit aboutit dans la vulve ; 5° deux

autres *vésicules digitées*, communiquant entre
elles, grosses, placées transversalement sur l'oviducte dans lequel elles s'ouvrent par un canal très-
court. Les organes extérieurs se composent de :
6° la *vulve* ou fente vulvaire, située en dessous et en

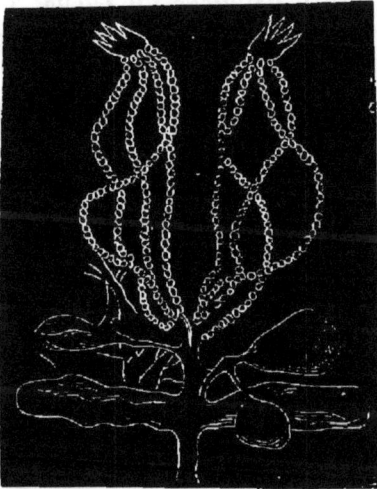

Fig. 12.
Organes reproducteurs du papillon femelle, d'après Victor Audouin.

avant de l'anus; 7° une sorte d'*appendice caudal
mobile* formée de trois tubercules, dont celui du
milieu est le plus proéminent en arrière et se montre
garni de poils et de couleur rousse; les deux autres,
latéraux, sont nus et de couleur jaune pâle.

Aussitôt que le mâle est né, il se met en quête
d'une femelle et, quand il l'a trouvée, l'accouplement s'opère. Il introduit son pénis, par la fente
vulvaire, dans le canal vulvaire de la vésicule am-

pullaire, dite encore vésicule copulatrice; c'est là que le liquide fécondant est mis en réserve, c'est de là que, par le second canal qui se rend dans l'oviducte, il imprégnera les œufs à mesure de leur passage ; la vésicule trilobée les a sans doute imprégnés déjà d'un liquide particulier qui les a préparés à subir la fécondation ; près d'être expulsés du corps enfin, ils reçoivent le produit de sécrétion des vésicules digitées, c'est-à-dire un liquide visqueux qui déterminera leur adhérence aux corps sur lesquels ils vont être déposés.

Dans l'abdomen ou plutôt dans les ovaires de la femelle, dès son éclosion, on trouve, avons-nous dit, les œufs tout formés et réunis en chapelets les uns aux autres par une membrane ; cette membrane se rompt à mesure que l'œuf doit être expulsé. Avant de déposer ses œufs, la femelle s'assure d'une place convenable à l'aide de l'appendice caudal qui est son principal organe du toucher. L'emplacement trouvé, elle expulse un œuf, puis un second, et ainsi de suite, les déposant les uns à côté des autres, tournant sur elle-même ou s'avançant de temps en temps, de façon à ne pas les superposer.

L'accouplement dure de deux à trois heures seulement parfois, généralement vingt-quatre heures, exceptionnellement trente-six heures, lorsqu'il n'est pas troublé. Souvent, la femelle commence à pondre dès que l'accouplement est terminé ; le plus ordinairement ce n'est qu'après une ou deux heures, rarement après six et huit. La ponte du premier jour ne dure que quelques heures et s'arrête pour

reprendre le lendemain à peu près à la même heure,
et ainsi pendant trois jours ; mais les 7 à 8 dixièmes
des œufs sont pondus pendant le premier jour, les
deux à trois autres dixièmes pendant le second ; ceux
du troisième sont en quantité insignifiante. La ponte

Fig. 13.
Organes reproducteurs du papillon femelle, d'après Victor Audouin.

totale varie entre 300 œufs au minimum et 700 au
maximum.

A mesure que la ponte s'opère, l'abdomen de la
femelle diminue de volume et de longueur, sa couleur pâlit de plus en plus, ses derniers segments se
relèvent en haut ; quand elle est terminée, le corps
de l'insecte se dessèche, se raccornit et la mort arrive. De même pour le papillon plus ou moins longtemps après l'accouplement, suivant sa durée. La

conservation de l'espèce est désormais assurée, l'individu peut disparaître. Il a donc vécu pendant
cinq à huit jours sous cette forme d'insecte parfait;
ajoutons dix-huit à vingt jours sous la forme de
chrysalide et trente à quarante jours sous celle de
chenille, et nous trouverons que le cycle de sa vie
entière aura embrassé de cinquante-trois à soixante-
huit jours, soit en moyenne soixante jours ou deux
mois.

CHAPITRE IV.

LE MURIER.

Les mûriers, d'abord placés par L. de Jussieu dans la famille botanique des *urticées,* en furent distraits, en 1836, par Endlicher, pour former la famille nouvelle des *morées* ou *moracées,* dont ils sont le type et qui se compose de trois genres : Mûrier (*Morus*), Broussonnetier (*Broussonetia*) et Maclure (*Maclura*).

Les mûriers sont des arbres exotiques, originaires des pays chauds, à fleurs monoïques (c'est-à-dire portant des fleurs mâles et femelles sur le même tronc), à fruits en sorose ou en akène, à suc lactescent, et principalement cultivés pour leur feuille, aliment presque exclusif de nos races de vers à soie domestiques.

§ 1ᵉʳ. — HISTORIQUE.

Il est extrêmement présumable que les mûriers noir et blanc sont tous deux indigènes de la Chine ; mais le mûrier noir paraît avoir été seul d'abord importé en Perse, puis de ce pays en Grèce, et de Grèce en Italie. Ce qui paraît certain, du moins, c'est d'abord, qu'avec le ver à soie, les moines apportèrent à Constantinople le mûrier noir seulement; que c'était le seul connu à Rome au commencement de notre ère. Il est fort probable que le mûrier blanc ne fut importé de Chine à Constantinople que vers la moitié du sixième siècle après Jésus-Christ (vers 552) et ensuite en Grèce.

Les Maures arabes ou Sarrasins importèrent le mûrier noir en Espagne et en France où, pendant trente-neuf ans, ils occupèrent la Septimanie; et en effet, le mûrier noir fut seul cultivé en Languedoc jusqu'à la fin du quinzième siècle. Au douzième siècle, Roger II, premier roi de Sicile, rapporta de la Grèce le mûrier blanc pour en doter son nouveau royaume (1130); au commencement du quatorzième siècle, le pape Clément V, venant s'établir à Avignon, y apporta et y fit planter le mûrier blanc (1309) qui y avait déjà peut-être été importé dès 1229 par les soins de Grégoire IX. Vers 1485, le bon roi, René d'Anjou, en dota son royaume de Provence où l'introduisit de nouveau, en 1494, le seigneur d'Allan, à son retour de l'expédition en Italie à la suite du roi de France, Charles VIII. Ce ne fut pourtant qu'au commencement du dix-septième siècle, par les soins de Henri IV, de Sully et du pépiniériste Traucat, que le mûrier blanc se répandit dans tout le sud et le centre de la France.

L'Angleterre (1596), l'Allemagne (1794), Élisabeth et François II essayèrent avec peu de succès de s'approprier le mûrier, de même que la Belgique. Cependant on le cultive aujourd'hui sur une certaine étendue en Saxe et dans le sud de la Russie, surtout en Crimée.

Le mûrier noir passa, dès une haute antiquité, de Chine en Perse; au sixième siècle, de Chine en Turquie et en Grèce; au dix-neuvième siècle, d'Asie en Algérie, en Espagne et en France. C'est lui qu'on cultive encore aujourd'hui presque exclusivement en Sicile, dans les Calabres et aux Canaries. Dans le reste de l'Italie, en Espagne, en France, on ne cultive à peu près que le mûrier blanc, lequel passa de Chine en Turquie au sixième siècle; de Turquie en Grèce, au septième siècle; de Grèce en Italie, au douzième siècle; et d'Italie en France, aux quatorzième et quinzième siècles. En 1829, M. Perrotet nous rapporta des Philippines le mûrier multicaule, et M. Macé, en 1839, le mûrier longistyle de l'Inde.

Les anciens ne se contentaient pas de manger le fruit du mûrier noir et d'employer son bois en menuiserie ou charronnage, ils administraient encore son écorce comme purgative et vermifuge; Dioscoride (64 ans après Jésus-Christ) la conseillait même contre le tœnia. Au seizième siècle, on savait déjà en France qu'il est possible d'extraire de l'écorce et du bois du mûrier une matière textile propre à la fabrication des étoffes. Olivier de Serres, à qui on attribue cette découverte, fit confectionner, avec la soie du mûrier, un vêtement complet qu'il offrit à Henri IV. Dans ces dernières années, l'idée d'extraire une matière textile du mûrier a été reprise par MM. Duponchel, Junior Cambon et Cabanis,

5.

Disson, Lerouge et Claussen. D'après l'un de ces inventeurs, on pourrait retirer du même arbre la matière première du papier, des fibres textiles, de l'alcool, une matière colorante et une résine. Maintenant que l'on fabrique du papier avec de la paille et du bois, que l'on tisse des feuilles d'arbres résineux, que l'on extrait l'alcool de tant de végétaux, il ne resterait qu'à inventer les moyens pratiques et économiques d'obtenir ces divers produits du mûrier.

§ 2. — VARIÉTÉS DE MURIERS.

Le *mûrier noir* est originaire de la Chine, d'après quelques auteurs; d'autres prétendent, mais à tort, qu'il croît spontanément en Sicile. C'est le *Morus Nigra,* un arbre qui ne dépasse pas dix mètres de hauteur, dont le tronc porte une écorce noirâtre, dont les feuilles un peu épaisses, fermes, rudes en dessus, sont pubescentes en dessous, dont les fruits sont d'un pourpre noirâtre à la maturité. Le *mûrier multicaule (Morus Multicaulis),* mûrier Philibert, mûrier des Philippines, mûrier de Perrotet, indigène de la Chine, et répandu dans les Philippines, y fut trouvé par M. Perrotet, qui l'importa en France en 1821 et à Bourbon en 1839. On pense qu'il aurait été transporté des îles chinoises du Fo-Kien aux Philippines, en 1593, par le jésuite Sedegno. Il a été considéré comme une variété du mûrier noir; ses fruits sont de la même couleur, mais plus petits, plus espacés, à saveur à la fois sucrée et acidule ; ses feuilles sont très-grandes, très-tendres, mais très-aqueuses ; sa végétation est plus précoce au printemps, mais l'expose davantage aux gelées. Les facilités qu'il présente pour la cueillette des feuilles, la rapidité avec laquelle il se peut multiplier, le firent d'abord adopter avec enthousiasme, mais la pratique de l'élevage força à revenir au mûrier blanc. Le multicaule a fourni deux sous-variétés peu importantes, l'une à feuilles planes, l'autre, bullées.

Le *mûrier rouge* (*Morus Rubra*), indigène des États-Unis et du Canada, est un grand et bel arbre d'ornement, à feuilles dures, rugueuses en dessus, cotonneuses en dessous ; à fruits rouges d'abord, puis noirs, impropre à la sériciculture. Il a été importé en Europe dès 1629.

Le *mûrier longistyle* (*Morus Stylosa*) ou intermédiaire (*Morus intermedia*), originaire de l'Inde ou de l'Arabie, à fruits pourpres, ne peut supporter notre climat.

Le *mûrier blanc* (*Morus Alba*) atteint à peu près la même taille que le noir, mais son écorce est moins épaisse et de couleur plus claire ; ses rameaux sont plus nombreux et plus droits, ses feuilles plus minces, plus molles, plus glabres ; ses fruits blancs ou d'un blanc rosé, d'une saveur un peu sucrée, mais fade. Le mûrier blanc sauvage a fourni par le semis de graines un grand nombre de variétés qu'on multiplie par boutures ou par greffes. Les plus estimées sont : le *mûrier hybride* (*Morus Hybrida*), obtenu par M. Audibert, de Tarascon ; à feuilles larges,

mais résistantes, tendres, sans être aqueuses, de
végétation assez tardive au printemps. Le *mûrier
Moretti* (*Morus Moretti*), trouvé, vers 1822, par
M. Moretti, professeur d'agriculture, aux environs
de Pavie, à larges feuilles, précoce, productif, et
assez rustique. Le *mûrier rose* (*Morus Rosea*), à
pétiole rosé, à feuilles larges et d'un beau vert,
très-bonne variété dans le Midi, mais dont les feuilles
deviennent trop épaisses dans le Nord; on l'appelle
encore *mûrier à feuilles roses*. Le *mûrier Lhou*, à
rameaux très-vigoureux et teintés de rose; à feuilles
cordiformes, larges, assez épaisses; à fruits ovoïdes,
assez gros, d'un rouge noirâtre, importé de Chine
en France en 1436, et très-estimé en Chine. Le
mûrier de Constantinople, apporté de Bourbon à
Toulon, en 1820, à feuilles un peu épaisses et
dures. Le *mûrier nain*, obtenu de semis par M. Audibert, très-rapproché du précédent, mais n'attei-
gnant qu'une taille beaucoup plus faible. Enfin,
nous nous contenterons de citer les variétés d'*Italie,
Tartare*, *Colombasse verte*, *Colombassette*, *Pyra-
midale*, *Fibreuse*, etc., etc.

Dans le choix des variétés du mûrier, il faut s'at-
tacher aux conditions suivantes : le produit en feuilles ; le produit en soie pour une quantité donnée de
feuilles consommées; la facilité et la rapidité avec
laquelle peuvent être cueillies les feuilles ; l'aptitude
qu'elles présentent à se conserver fraîches plus ou
moins longtemps.

M. Loiseleur-Deslongchamps a trouvé que le même

nombre de feuilles, pesées immédiatement après la cueillette, fournissaient en poids, savoir :

Le sauvageon.   3ᵏ 660
Le mûrier greffé d'italien ou romain. 8 000
Le mûrier greffé rosé ou à feuilles roses. 8 900
Le mûrier greffé grosse reine. 10 500
Le mûrier Moretti. 11 450
Le mûrier multicaule. 19 300

M. de Gasparin s'est assuré de son côté que la feuille des principales variétés contenait les proportions suivantes d'eau de végétation qui s'évaporait pendant la dessiccation :

VARIÉTÉS.	POIDS de la feuille fraîche.	POIDS de la feuille sèche.	PERTE pour 100
Sauvageon.	8ᵏ 750	2ᵏ 950	34
Hybride.	22 260	7 345	33 ᵣ
Rosé.	24 500	8 150	33 »
Moretti.	15 270	5 200	33 8
Lhou.	10 000	3 000	33 ᵢ

La feuille du rosé est celle qui conserve le plus longtemps sa fraîcheur, ensuite l'hybride, puis le sauvageon et enfin le Moretti.

M. Robinet a trouvé que, pour produire un kilogramme de cocons, il lui fallait les proportions suivantes de feuilles :

Sauvageon.   18ᵏ 550
Multicaule. 16 270
Rosé. 17 460
Moretti. 15 390
Hybride. 14 390

Ces différences proviennent de l'épaisseur de la

feuille, de la quantité d'eau de végétation et de la proportion des nervures qui la constituent. Quant au poids des cocons obtenus et à la quantité de soie qu'ils fournissaient, voici les résultats de l'expérience précédente :

VARIÉTÉS.	POIDS de 10 cocons.	SOIE obtenue pour 100ᵏ de cocons.	SOIE obtenu pour 100ᵏ de feuilles.
Sauvageon.	2ᵍʳ 30	14.50	2ᵏ 330
Multicaule.	2 20	14.30	3 210
Rosé.	2 32	15.07	3 080
Moretti.	2 20	15.00	3 210
Hybride.	2 23	14.25	2 940

Comparant le sauvageon au mûrier greffé, Dandolo avait constaté par des expériences que 7 kilogr. 500 de feuilles de mûrier sauvageon, pesées immédiatement après la cueillette, lui ont fourni 0 kilogr. 764 de cocons, tandis qu'il lui fallait 10 kilogr. 267 de feuilles de mûriers greffés pour obtenir le même produit. D'un autre côté, 3 kilogr. 900 de cocons provenant de vers alimentés avec le sauvageon fournirent 0 kilogr. 428 de soie très-fine, tandis que le même poids de cocons nourris à la feuille greffée ne donne que 0 kilogr. 367. Dans d'autres expériences, 100 kilogr. consommés de feuilles de sauvageon ont donné 7 kilogr. 550 de cocons; 100 kilogr. de feuilles de mûriers greffés n'ont donné que 4 kilogr. 875 de cocons.

Il est bien entendu que les qualités de la feuille dépendent beaucoup aussi du climat, de la nature et de la richesse du sol, de l'âge des arbres, toutes circonstances qui font varier dans des limites très-étendues la proportion d'eau et de substances nutritives.

En résumé, M. Robinet, après avoir expérimenté les différentes variétés au point de vue du rendement en feuilles, en cocon, en soie, et des qualités mêmes de la soie obtenue, croit pouvoir les ranger par ordre suivant de supériorité : 1° sauvageon ; 2° rosé ; 3° multicaule ; 4° Moretti.

Quant aux autres genres, *Maclura* et *Broussonettia*, nous n'en parlerons que pour dire qu'on les a proposés à tort comme succédanées du mûrier, bien que, dans certains cas exceptionnels, ils puissent suffire à la nourriture des vers pendant les deux premiers âges, mais non plus tard, comme lorsqu'une gelée tardive a détruit la végétation des mûriers. Dans ces cas pressants, on a quelquefois réussi à faire franchir sans trop de dommages les deux premiers âges aux vers, en les nourrissant de jeunes feuilles de ronces, de rosier, d'orme, d'épine-vinette, de pissenlit, de pariétaire, de laitue, de scorsonnère, de cameline, etc. Mais la scorsonnère seule paraît apte à suffire à une éducation complète pour certaines races rustiques et à petits cocons, ainsi qu'on le fait quelquefois dans le nord de l'Europe, et particulièrement en Suède, où le mûrier ne réussit pas. Mais ce sont des éducations d'amateurs de curiosité et non de produit.

On connaît le *Maclure orangé* (*Maclura aurantiaca*) ou *Mûrier des Osages*, originaire de l'Amérique du Nord, d'où il fut importé en France en

1815 ; c'est un arbre épineux et très-beau, qui peut former des haies défensives et servir à l'ornement d'un jardin. Le *Maclure tinctorial* (M. Tinctoria), originaire de l'Amérique du Sud, fournit le fustet ou bois jaune employé en teinture. Il a été importé en France en 1739.

Le *Broussonetier à papier* (*Broussonetia Papyrifera*), originaire de la Chine et du Japon, a été introduit en Europe en 1751. C'est un arbre à croissance rapide, dont, en Chine, on utilise le liber pour la fabrication du papier.

§ 3. — CULTURE DU MURIER.

Les seuls climats où le mûrier puisse être utilisé pour la nourriture du ver à soie sont ceux : où la température s'abaisse en hiver jusqu'à 25° cent. ; où la température moyenne reste au moins trois mois au-dessus de 12°5 après la récolte des feuilles, pour que les nouvelles pousses aient le temps de s'aoûter ; où les gelées blanches et tardives sont rares au printemps. Les seuls lieux où ils se plaisent sont ceux où ils ne sont exposés aux gelées blanches en aucune saison ; où il ne se dégage ni effluves ni miasmes ; qui ne sont pas ombragés ; enfin sur les hauteurs, mais non dans les fonds ; dans le Midi plutôt que dans le centre, et surtout le Nord.

Le mûrier vient dans tous les sols ; mais sa végétation y est plus ou moins vigoureuse, et sa feuille y est plus ou moins bonne. Il ne refuse que les terrains marécageux, trop calcaires, trop superficiels, et conséquemment trop secs. Il permet d'utiliser des coteaux arides, caillouteux, mais non situés sur des roches continues; son produit y est peu abondant, mais d'excellente qualité. Dans les terres riches, fraîches, profondes, sa feuille est trop aqueuse.

On le multiplie par semis, par greffe, par marcottage et par bouture. Par le premier procédé, on obtient des sujets plus vigoureux, plus durables, plus résistants à la sécheresse. La greffe donne des arbres plus productifs en feuilles et d'un développement plus rapide. Le marcottage est d'une réussite plus assurée que la bouture, mais on n'en peut obtenir une aussi grande quantité sur la même superficie. Enfin, la bouture, moins prompte et moins assurée que le semis et que la greffe, ne réussit guère que sur les variétés multicaule, hybride et Lhou; on l'emploie surtout pour obtenir des arbres nains ou à mi-tige.

Les *mûriers à haute tige*, c'est-à-dire élevés de 1^m,50 à 2 mètres, et taillés en gobelets, sont plantés en bordures de champs cultivés ou en mûraie. Leur produit en feuilles est plus considérable; ils sont moins exposés aux gelées blanches; mais la cueillette des feuilles est plus longue, plus difficile, et ne peut commencer qu'après la sixième ou septième année de plantation. Les *mûriers à mi-tige,* qui n'ont que 1 mètre environ de hauteur au-dessus du sol, sont préférés pour les terres sèches, arides, en coteaux. La cueillette y est plus facile, mais ils sont plus sujets à geler au printemps. Les *mûriers nains,*

qui n'ont que 0ᵐ,20 à 0ᵐ,50 de hauteur de tige, sont
d'un développement plus rapide, d'une récolte plus
économique que les autres ; mais ils craignent encore
davantage la gelée, et leur feuille, poussant plus à
l'ombre, est moins bonne ; on leur destine les terrains légers des plateaux un peu élevés. Les *mûriers
en haies* n'ont point de tiges et buissonnent comme
l'épine blanche, mais ne sont point défensifs comme
elle. Leur développement est plus rapide encore
que celui des mûriers nains, leur végétation plus
précoce au printemps, mais plus grand aussi pour
eux le danger de la gelée.

Les mûriers en bordures doivent être plantés à
10 ou 12 mètres les uns des autres, afin de ne pas
porter un trop grand dommage aux récoltes au milieu desquelles ils sont placés. Les mûriers en mûraie seront plantés : ceux en hautes tiges, à 6 ou
7 mètres de distance en quinconce ; à mi-tiges, à 5
à 6 mètres ; nains, à 3 à 4 mètres, d'autant plus
éloignés que le sol sera moins riche, d'autant plus
rapprochés que le climat sera plus sec et plus chaud.
Pour former une haie, les sauvageons, ayant un an
de repiquage ou les pourrettes de multicaules francs
de pieds, seront plantés à une distance de 0ᵐ,30 à
0ᵐ,50 l'un de l'autre, d'autant plus espacés que le
terrain leur conviendra mieux.

La plantation des mûriers se fait comme celle de
tous les arbres, c'est-à-dire qu'on creuse des trous
ou qu'on ouvre des tranchées dont les dimensions en
largeur et en profondeur sont proportionnées au développement que doivent prendre les arbres : d'or-

dinaire, 2 mètres carrés sur 1^m,30 de profondeur pour les hautes tiges ; 1 mètre de largeur et 1 mètre de profondeur pour les mi-tiges ; 1 mètre de largeur et 0^m,70 de profondeur pour les nains; 0^m,80 de large et 0^m,50 de creux pour les haies. On déplante et habille le plant comme de coutume, c'est-à-dire qu'on taille et rafraîchit les racines ; qu'aux hautes et moyennes tiges on ampute les branches de façon à ne laisser que, suivant l'âge, de un ou deux ans de tête, trois ou six rameaux ; qu'enfin, pour les nains et les haies, on taille leur unique tige à moitié environ de sa longueur.

Dans certaines circonstances, on établit des *taillis*, plantés à 3 mètres ou 3^m,50 de distance entre les souches, et qu'on exploite comme les nains; ou même des *prairies* de mûriers, que l'on sème sur place, et qui durent cinq ans, donnant de bonne heure de très-petites feuilles, mais assez bonnes.

La cueillette des feuilles commence dès que les bourgeons ont développé un certain nombre de petites feuilles, c'est-à-dire, en France et selon le climat, du 15 avril au 1er mai. On suit dans la récolte l'ordre suivant : haies, taillis, arbres nains, mi-tiges et hautes tiges. On commence le travail le matin, après que la rosée a disparu, et on doit cesser à la nuit, dès que le serein tombe; on ne doit pas non plus cueillir par la pluie. Pour les mi-tiges, on emploie une petite échelle double; pour les hautes tiges, une grande échelle simple; l'une et l'autre peuvent être rendues plus aisément transportables en les installant en forme de brouettes, avec une roue. L'ouvrier, muni d'un sac attaché à sa ceinture, et qu'un fragment de cerceau maintient ouvert par en haut, monte sur l'échelle, saisit successivement chaque rameau par sa base, et faisant glisser rapidement sa main de bas en haut, en détache sans peine toutes les feuilles qu'il place dans son sac. Quand ce réceptacle est rempli, on le vide sur un drap placé à l'ombre ou recouvert d'un autre drap, et que, quand il est plein à son tour, on noue par les quatre coins pour le porter aussitôt à la magnanerie, afin de ne pas laisser flétrir la feuille. Les haies, les taillis, les nains, se récoltent de la même façon, mais sans échelles, bien entendu.

On ne saurait sans danger dépouiller, chaque année, le mûrier de ses feuilles; aussi est-on obligé d'organiser un assolement ou aménagement qui peut être biennal dans le Midi, triennal dans le centre et le Nord; c'est-à-dire qu'on n'effeuille que de deux années l'une dans le premier cas, et qu'une fois sur trois dans le second.

Aussitôt après la cueillette, on coupe toutes les branches qui portaient les bourgeons effeuillés, au-dessus des deux boutons les plus rapprochés de la base : c'est la *taille d'été;* l'arbre élevé sur douze à vingt-cinq branches conserve toujours sa forme primitive en gobelet. Au printemps suivant (février ou mars), on supprime tous les rameaux maigres, chétifs ou trop rapprochés les uns des autres; on enlève tous les chicots de bois sec et on récolte encore les feuilles sur les rameaux poussés deux à deux sur chaque bouton taillé en été, si l'assolement est annuel. S'il est biennal, on supprime l'un de ces deux rameaux, et, après la cueillette, on rabattra celui qui vient d'être effeuillé. C'est *la taille du printemps*. On procède ensuite de la même façon chaque année en alternant la cueillette et la taille, la récolte précédant toujours la taille d'une année. Enfin, on peut rajeunir les vieux mûriers, en rapprochant les branches principales sur le tronc, de la moitié ou du tiers de leur longueur, au printemps, et pinçant, durant l'été qui suit, les bourgeons qui s'y développent, sauf l'un ou les deux plus vigoureux développés à l'extrémité. En continuant pendant trois ou quatre ans, et s'abstenant de cueillir pendant ce temps, on a reformé la tête de l'arbre.

Dans les Cévennes, aux environs du Vigan (Gard), des mûriers à hautes tiges, plantés à 7 mètres de distance en quinconce, occupant conséquemment chacun 49 mètres carrés, fournissaient les produits suivants en feuille récoltée chaque année :

à 3 ans.	3^{k}200	à 13 ans.	75^{k}100
à 4 ans.	11 400	à 14 ans.	77 600
à 5 ans.	17 900	à 15 ans.	84 500
à 6 ans.	25 700	à 16 ans.	88 600
à 7 ans.	32 700	à 17 ans.	91 800
à 8 ans.	42 600	à 18 ans.	94 300
à 9 ans.	48 300	à 19 ans.	96 500
à 10 ans.	52 800	à 20 ans.	98 200
à 11 ans.	64 600	à 21 ans.	99 000
à 12 ans.	69 000	à 22 ans.	100 000

Soit, en moyenne, 57 kilogr. 800 par arbre et par an, ou 12,022 kilog. par hectare ; déduisant un vingtième pour les risques de gelées blanches, il reste net par arbre, en moyenne, 54 kilogr. 900 par an, ou 11,419 kilogr. par hectare.

Avec l'aménagement biennal, les hautes tiges en bon terrain, bien conduites et entretenues, peuvent fournir en moyenne 100 kilos de feuilles de printemps tous les deux ans, dès l'âge de neuf à dix ans; ce produit augmente successivement jusqu'à l'âge de vingt ans, où il atteint 200 kilos; il se maintient à ce chiffre jusqu'à l'âge de quarante-cinq ou cinquante ans où il commence à décroître; à soixante-cinq ou soixante-dix ans, il devient urgent de le rajeunir en le rabattant.

Les mûriers mi-tiges commencent à fournir une récolte un peu plus tôt (cinq à six ans); mais leur produit, à âge égal, est inférieur de trois cinquièmes environ à celui des hautes tiges. Les mûriers nains, plantés à 4 mètres de distance en tous sens (400 par hectare), à l'âge de sept ans, produisent en moyenne de 20 à 25 kilos de feuilles chacune (8 à 10,000 kilos par hectare).

Le prix de la feuille de mûrier varie suivant la prospérité .ou la décadence de la sériciculture; on s'en rendra compte en comparant le prix des 100 kilos de cette feuille en 1842, d'après M. Robinet, et les prix moyens fournis par la statistique officielle de 1862, pour les mêmes départements :

DÉPARTEMENTS.	1842.	1862.
Gard.	12ᶠ	5ᶠ
Ardèche.	9	5
Aveyron.	9	7
Drôme.	9	5
Hérault.	8	6
Isère.	8	5
Vaucluse.	7	5
Haute-Garonne.	4	6

Le prix moyen était, en 1852, de 7 francs; de 1857
à 1862, de 6 francs; de 1862, de 5 francs. Depuis
lors, il a baissé encore, bien qu'il tende à se relever
en ce moment, et un grand nombre de plantations
ne sont plus exploitées depuis plus de dix ans.

La superficie des terres plantées en mûriers était
de 30,972 hectares en 1852 et de 54,019 hectares
en 1862. On comptait en outre, en 1852, 17,762,906
arbres plantés isolément en bordures et 7,264,942 mètres courants de haies de mûriers; en 1862, le nombre
des arbres isolés était de 18,752,432, et celui des mètres courants de haies, de 7,717,537. La quantité de
feuille employée par les éducateurs était de 4,553,220
quintaux métriques, valant 33,509,018 francs en 1852,
et de 5,984,643 quintaux métriques en 1862, valant 29,440,777 francs.

DEUXIÈME PARTIE

ÉDUCATION DU VER A SOIE

En 1852, nos 4,553,220 quintaux métriques de feuilles, valant 33,509,018 francs, produisaient 12,065,542 kilos de cocons qui, au prix de 4 fr. 62 c. le kilogramme, représentaient une valeur de 55,689,687 francs, c'est-à-dire que la sériciculture avait créé une valeur de 22,180,669 francs. En 1862 encore, malgré le fléau qui régnait depuis 1854, nos 5,984,643 quintaux métriques de feuilles, valant 29,440,777 francs, produisaient 9,758,804 kilos de cocons, valant 51,909,312 francs, c'est-à-dire que la sériciculture avait créé une valeur de 22,468,535 francs. C'est cette industrie que nous allons maintenant étudier dans ses détails.

CHAPITRE V.

DE LA MAGNANERIE.

On appelle magnanerie (fig. 14) le local dans
lequel se fait l'élevage des magnans, ou vers à soie,
ainsi qu'on appelle ces insectes en Provence et dans
le Languedoc.

§ 1er. — CONSTRUCTION. — DISPOSITION.

L'installation d'une magnanerie doit être dirigée
par des considérations relevant des différents ordres,
économie dans la construction, le service et la surveillance; conditions hygiéniques pour les vers;
installations complètes pour toutes les périodes de la
vie des vers.

La magnanerie sera, autant que possible, placée
au centre ou à proximité des plantations de mûriers,
afin de diminuer les frais de transport de la feuille;
s'il est possible encore, elle sera placée tout auprès
de l'habitation du propriétaire, afin que sa surveillance soit rendue plus facile et en quelque sorte
constante.

On évitera soigneusement de l'établir dans le voi-
sinage des fosses à fumier, des écuries, des mares,

Fig. 14. Magnanerie d'après une gravure du temps (1602).

des étangs, des marais : miasmes et effluves sont
contraires à la réussite des vers. On choisira les lieux
un peu élevés, où les courants renouvellent fréquemment l'air, plutôt que les lieux bas où l'air stagne
longtemps, et où les brouillards sont fréquents.

On orientera les deux grandes façades à l'est et à
l'ouest, afin qu'elles reçoivent à peu près également
la chaleur solaire ; l'exposition au midi serait trop
chaude, celle au nord trop froide et il serait impossible d'obtenir de la régularité dans l'éducation. C'est
dire que la magnanerie devra avoir la forme d'un
rectangle allongé et non d'un carré. Il est presque
indispensable de construire la magnanerie sur une
cave, et il faudra, dans le choix de la situation,
tenir compte par conséquent de la nature du sous-sol.
Les dimensions à donner au bâtiment seront en har-
monie avec les plantations existantes ou projetées
en mûriers, avec la main-d'œuvre dont on dispose,
la quantité de vers qu'on veut élever. Ces dimensions
pourront, suivant le cas, être calculées en hauteur
ou en carré, c'est-à-dire que l'on pourra faire un
bâtiment plus grand, relativement, avec un seul
étage, ou un bâtiment plus petit, à deux ou trois
étages.

Les conditions générales auxquelles la magnanerie
doit répondre sont les suivantes : Les matériaux
employés à sa construction ne seront pas hygrométriques ; des ouvertures y seront percées, sur chaque
façade, en nombre suffisant pour que la lumière
pénètre largement partout ; c'est une double condition d'hygiène et de service ; mais ces fenêtres seront

toutes garnies intérieurement ou extérieurement de
volets ou de persiennes. On doit pouvoir entretenir
facilement une température élevée et uniforme dans
toutes les parties de la magnanerie; mais on doit
pouvoir aussi rapidement l'abaisser, renouveler l'air,
le saturer d'humidité ou le sécher, afin de parer aux
accidents que détermineraient certains phénomènes
atmosphériques. Enfin, toutes ces conditions seront

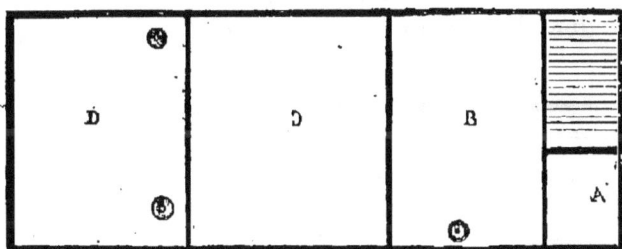

Fig. 15. Magnanerie, plan du rez-de-chaussée.
A. Vestibule. — B. Chambre d'incubation. — C. Magasin de feuilles.
D. Chambre à air.

remplies par les moyens les plus simples, les moins
coûteux, les plus efficaces.

Disons d'abord quelles sont les exigences de service auxquelles la magnanerie doit parer : 1° Un
magasin de feuilles (fig. 15), pièce carrelée, ni
trop sèche ni trop humide, un peu sombre mais non
complétement, où on déposera la feuille après l'avoir
pesée et où on la conservera, en l'étendant, afin
qu'elle ne jaunisse pas et ne se dessèche pas trop;
cette pièce devra pouvoir contenir la quantité de
feuilles nécessaires pour vingt-quatre heures jusqu'au
commencement du quatrième âge; passé ce temps,

6.

on la dépose dans des caves ou des celliers. 2° Une *chambre d'incubation*, étuve et petit atelier, pièce planchéiée et chauffée par un poêle en terre ou en faïence, dans laquelle on fera éclore les œufs, où on élèvera les vers tant qu'ils n'y seront point trop entassés, afin d'épargner les dépenses de chauffage de la magnanerie où on les transportera ensuite. 3° Une *chambre d'air* destinée au chauffage et à l'aération de la magnanerie, contenant des poêles dont les tuyaux circulent à travers les étages

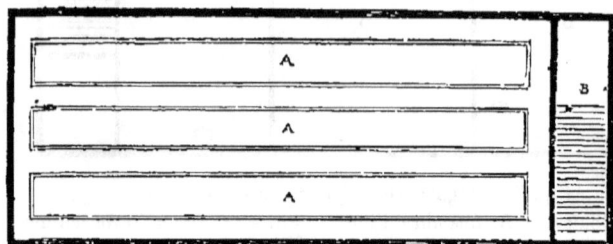

Fig. 16. Plan du premier étage, du second, etc.

supérieurs. 4° Une *cave* servant à l'emmagasinage des feuilles pendant les deux derniers âges et fournissant, soit par la ventilation naturelle, soit par la ventilation forcée, l'air frais ou l'air humide dont on aura besoin pendant l'élevage et selon les circonstances atmosphériques. 5° Enfin, les chambres d'éducation (fig. 16) proprement dites, placées en nombre variable au-dessus du rez-de-chaussée et disposées ainsi que nous le dirons dans un instant.

M. Robinet indique les dimensions suivantes pour une magnanerie où l'on veut élever les vers prove-

nant de 10 onces de 31 grammes de graine chacune,
soit 300 grammes en tout. Le bâtiment aura, dans
œuvre, 13^m,60 de longueur et 8 mètres de largeur ; les
murs de façade auront 9 mètres, et les pignons, de
la base à la pointe, 12^m,80 ; le rez-de-chaussée aura
3^m,30 de hauteur, et le plafond 0^m,30 d'épaisseur. Le
premier étage aura 7 mètres d'élévation entre le plancher et le plafond, lequel aura environ 0^m,20 d'épais-

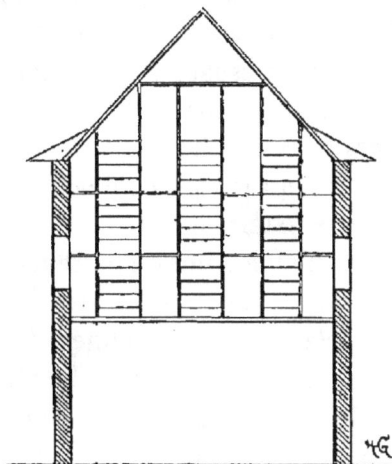

Fig. 17. Coupe.

seur. Le comble aura 2 mètres sous la faitière, le
tirants étant supprimés et le plafond mansardé.

Le rez-de-chaussée sera divisé en quatre pièces :
1° La chambre d'air aura 3 mètres de largeur sur
8 mètres de longueur ; 2° la chambre d'incubation
4 mètres sur 6 mètres ; 3° le magasin à feuilles 8 mètres sur 5^m,30 ; 4° enfin le passage donnant accès du
dehors dans la magnanerie aura 2 mètres de large

sur 4 mètres de long. Reprenons ces quatre pièces successivement pour expliquer leur installation.

La chambre d'incubation sera garnie d'un poêle en terre ou faïence, dont la bouche ouvrira dans le passage, tandis que les tuyaux serpenteront dans l'appartement même, à différentes hauteurs, afin d'échauffer les diverses couches d'air, et d'éviter qu'on entre dans la pièce pour entretenir le feu. Des échelettes y seront installées pour permettre d'y placer des tablettes mobiles ayant $0^m,60$ de largeur, 1 mètre de longueur, et espacées du dessus au-dessous de $0^m,40$ pour l'éclosion d'abord, l'éducation des deux premiers âges ensuite.

La chambre d'air sera garnie de deux gros poêles en fonte avec tuyaux extérieurs, l'air chaud passant par une trappe du plafond pour distribuer la chaleur au premier étage; et d'un tarare ventilateur mû à bras pour certains cas déterminés. La bouche des poêles s'ouvre dans le magasin à feuilles, les prises d'air, partie dans ce même magasin et partie au dehors; enfin le plafond est arrondi de façon à diriger l'air chaud vers la trappe qui communique avec l'étage supérieur. Le tarare ventilateur, composé d'une roue à six palettes, se met en mouvement par un volant à manivelle placé dans le magasin à feuilles, et la prise d'air se fait à volonté, dans le magasin ou au dehors, à l'aide de conduits ménagés dans ce but.

Le passage donnant accès dans tout le bâtiment sera garni, à l'entrée, d'une double porte, l'intérieure vitrée, l'extérieure à volet plein; d'une troisième, vitrée, donnant entrée dans le magasin ; d'une quatrième ouvrant sur l'escalier qui, de ce passage, conduit au premier étage.

La chambre d'éducation proprement dite est formée d'un plancher plein et d'un plafond muni de trappes qui la mettent en communication avec le comble, afin d'obtenir le renouvellement naturel de l'air, celui qui est échauffé étant plus léger et tendant à s'échapper par en haut, où des vasistas pratiqués dans la toiture lui ouvriront une issue. D'un autre côté, l'air chaud qui vient de la chambre à air est distribué dans la chambre d'éducation par des gaînes ou espèces de caisses longues à trois côtés (de 2 mètres de longueur) en bois blanc, de $0^m,30$ de haut et $0^m,60$ de large, percées de trous à leur face supérieure, et formant trois conduits, qui, placés sous chaque rang de tablettes, y font circuler régulièrement, également, et l'air chaud et l'air froid.

Lorsque la magnanerie (fig. 18) est établie sur une cave, on peut se dispenser de tarare, à la condition de ménager des conduits d'air fermés par des trappes et qui mettent la cave en communication avec les gaînes de la chambre d'éducation.

Dans cette chambre d'éducation, large de 8 mètres, on installera trois rangées longitudinales de tablettes, de $1^m,33$ de large chacune et séparées, soit des murs, soit les unes des autres, par quatre passages de chacun 1 mètre. Chacune de ces rangées se compose de douze tablettes superposées à $0^m,50$ l'une de l'autre. C'est donc trente-six tablettes de 1^m,33 de large sur 10^m,60 de long, soit ensemble, 507 mètres carrés; on compte d'ordinaire sur une surface de 34 mètres carrés par once de graine, soit, pour dix onces ou 300 grammes, 340 mètres

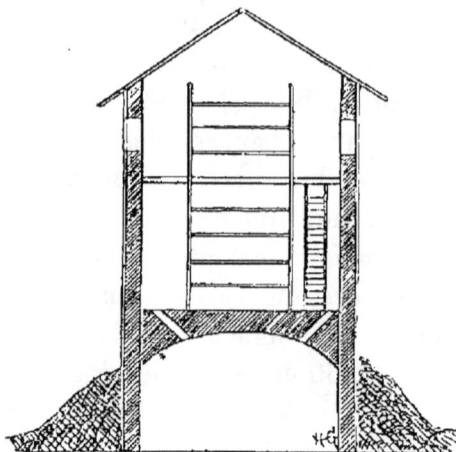

Fig. 18. Magnanerie construite sur cellier. Coupe en bout.

carrés. Nous avons donc paré à tous les besoins et prévenu l'agglomération des vers.

§ 2. — MOBILIER DE LA MAGNANERIE.

Nous prendrons maintenant successivement chacune des pièces de la magnanerie pour décrire le mobilier qui leur est propre.

Le magasin à feuilles sera pourvu d'une *bascule*, d'une balance ou d'une romaine, de façon que la feuille soit exactement pesée à son entrée en magasin et qu'on puisse se rendre compte de la production des mûriers, du poids des feuilles achetées, de la consommation des vers. On a longtemps conseillé l'emploi d'un *coupe-feuilles* ou hache-feuilles, pour rendre plus prompte et plus économique la division de ces feuilles pendant les deux premiers âges, et pour éviter le gaspillage des vers pendant les deux derniers. Mais, pour une petite éducation, on peut très-bien couper la feuille à la main, à l'aide d'un couteau ordinaire à lame mince et bien affilée, pour les trois premiers âges. Pour les éducations moyennes, on peut se contenter d'un petit hache-feuilles construit sur le principe des hache-paille, qu'on fixe sur une table ordinaire, et qu'on manœuvre en faisant mouvoir un couteau à lame articulée de la main droite, tandis que la gauche pousse les feuilles plus ou moins rapidement sous un rouleau mobile que le couteau met en mouvement; de sorte qu'on peut, sans danger et rapidement, couper une assez grande quantité de feuilles à la dimension désirée. Dans les grandes magnaneries, on emploie des hache-feuilles à pédale ou rotatifs (polonais, Damon, etc.).

Dans la chambre d'incubation, doivent se trouver un thermomètre, un hygromètre et un baromètre. Un poêle en terre ou faïence fournira les moyens d'élever et maintenir la température au point cherché; ceux en tôle ou fonte s'échauffent très-vite et se refroidissent rapidement, si bien qu'il est impossible d'obtenir une température douce et régulière; on sait maintenant que les poêles en tôle et fonte sont antihygiéniques pour l'homme, et conséquem-

ment pour les vers à soie, parce qu'ils déterminent
la combustion des poussières organiques et dégagent de l'oxyde de carbone; enfin on leur reproche
une chaleur trop sèche.

Dans cette même chambre et dans le double but
de l'utiliser et aussi d'économiser le chauffage plus
coûteux de la chambre d'éducation, on installe, dès
que l'éclosion est terminée, un matériel d'élevage
qui servira aux vers tant qu'ils y jouiront d'un espace suffisant, c'est-à-dire durant les deux ou trois
premiers âges. Ce matériel se compose de deux rangées de tablettes au nombre de cinq, superposées
et glissant à coulisses dans les montants ou échelettes; ces tablettes de $0,^m60$ de large sont espacées
en hauteur de $0^m,40$ les unes des autres. De chaque
côté, si ce n'est au fond, elles sont garnies d'un
rebord saillant en hauteur de $0^m,02$. Pour faire le
service des jeunes vers, on retire successivement
chaque tablette de sa rainure pour la porter au jour,
près des fenêtres, et opérer sans fatigue.

Dans la chambre d'air, nous avons indiqué deux
gros poêles en fonte, ou mieux, en terre où encore en
faïence, dont le tuyau prend issue au dehors à travers le mur, et un tarare ventilateur ou soufflant,
composé d'une roue à six palettes de 1 mètre de
long sur $0^m,27$ de large, tangentes à l'axe de la
roue, axe qui doit être placé à 1 mètre au moins
au-dessus du sol, et présenter une longueur de $1^m,20$;
sur l'un de ses côtés, cet arbre porte une petite poulie
qu'une corde relie à la grande roue ou volant à manivelle mue par un homme. Nous avons dit déjà

que des prises d'air pour ce tarare ont été ménagées
tant dans le magasin à feuilles qu'au dehors du bâtiment.

Dans la chambre d'éducation (fig. 19) se trouvent
disposés, nous l'avons dit, trois rangs de tables composées de tablettes superposées. Ces tables sont
supportées par des montants, poteaux et traverses

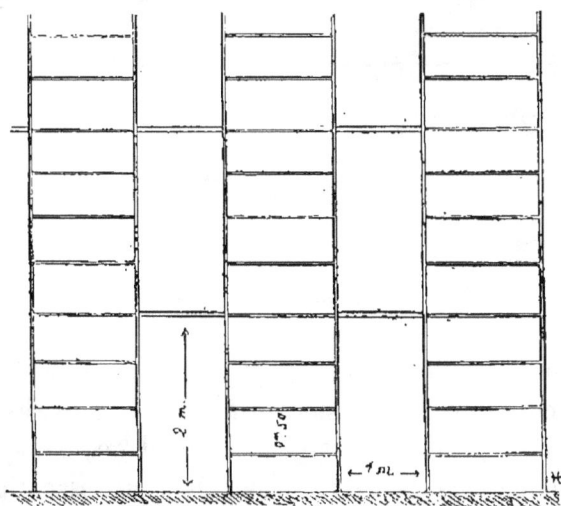

Fig. 19. Échelettes, tablettes, passages. Coupe.

ou échelettes. Nos rangées ou travées de 10^m,60
de longueur seront maintenues par huit montants en chêne ou sapin de 55 millimètres carrés,
débités à la scie et non rabotés. Ces montants sont
reliés deux à deux par des traverses en chêne de
25 à 30 millimètres en carré, fixées avec des vis.
Sur ces traverses, on fixe transversalement, c'est-à-

7

dire dans le sens de la longueur des travées, quatre
traverses un peu plus petites (25 millimètres d'épaisseur sur 50 de large) qui supporteront les claies,
tablettes ou tables en toiles. Ces claies ou tablettes
n'ont que $1^m,15$ de largeur d'un côté à l'autre, soit
$1^m,30$ en y ajoutant l'épaisseur des montants laissés
en dehors.

Ces tablettes se fabriquent en une foule de maté-

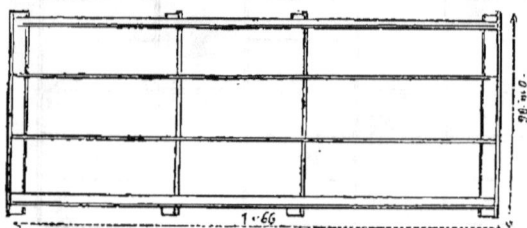

Fig. 20. Tablette vue de dessus.

riaux : grillages de fil de fer (fig. 20) ou de rotin,
filet de corde, claies d'osier ou de bois, de roseaux
ou de paille, canevas, toiles d'amballage, toile à
coller les papiers de tenture, etc. Or, il est essentiel
que le plancher sur lequel séjournent les vers à soie,
par l'intermédiaire d'une litière souillée d'excréments et fermentescible, laisse l'air les entourer de
toutes parts ; que ce plancher soit peu coûteux et facile à renouveler, en même temps que durable, et
suffisamment résistant ; qu'il puisse se laver pour le
débarrasser de l'odeur et des impuretés qui s'y fixent,
se démonter facilement, se remonter avec promptitude, s'emmagasiner sans encombrement après
l'éducation. Il résulte de ces conditions que les

planchers pleins doivent être rejetés comme le bois
ou le carton ; que des tissus assez clairs pour permettre la dessiccation de la litière et la circulation de
l'air, assez serrés pourtant pour que les fragments
de feuilles, les crottins et les vers ne passent pas à
travers leurs mailles ; assez bon marché enfin pour
pouvoir être assez fréquemment renouvelés sans
grande dépense, sont ce qu'on doit préférer. Le canevas grossier répond assez bien à ces conditions,
sauf celle du prix qui est trop élevé (1 fr. 25 c. le
mètre courant de 1,^{m}20 de large). La toile d'emballage claire qui a la même largeur, et ne coûte que

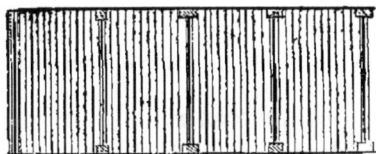

Fig. 21. Cadres pour garnitures de tablettes.

0 fr. 75 c. à 0 fr. 80 (fig. 21) le mètre courant,
suffit parfaitement.

Voici le meilleur emploi qu'en a trouvé M. Robinet, qui les a employées longtemps et à son entière
satisfaction : « Au moyen de petits goussets distribués sur les bords de la toile à 0^m,60 de distance,
nous plaçons des baguettes de bois qui tiennent la
toile tendue; nous la posons alors sur un châssis
garni de traverses longitudinales. A chaque bout, la
toile porte une baguette ronde dans laquelle on a

fixé quatre pitons. Des cordes passées dans ces pitons
permettent de tendre et détendre la toile à volonté;
il est bien entendu que les deux bouts de la toile
reviennent sur eux-mêmes, et que les cordes se
trouvent dessous le châssis; le tout représente une
toile sans fin tendue sur deux demi-rouleaux (fig. 22).
Pour tendre la toile, on passe l'une dans l'autre les
boucles de la corde, on tire fortement et on fait un

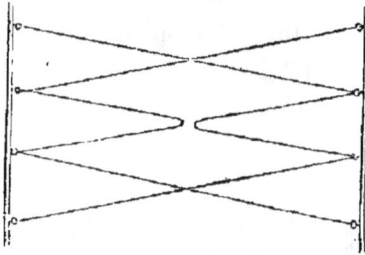

Fig. 22. Cordes pour tendre les toiles ou canevas à tablettes.

nœud. Si la toile, au contraire, est tendue outre
mesure, on la détend en relâchant le nœud. » Ces
tablettes sont superposées les unes aux autres à distance de 0ᵐ,50, au nombre de douze dans chaque
travée, et au-dessus de la douzième, il reste un
vide de 1 mètre pour la circulation de l'air.

Mais, comme il est impossible au magnanier
d'atteindre au delà de la 4ᵉ tablette, et que le
maniement d'une échelle simple ou double est long,
pénible et dangereux dans un passage de 1 mètre de
large, on établit sur les montants mêmes des travées, deux faux planchers distants de deux mètres,
supportés par des traverses occupant l'espace réservé
au passage et auxquels on accède par un escalier ou

une échelle de meunier. Pour le service des 3ᵉ, 7ᵉ
et 12ᵉ tablettes, encore élevées de 1ᵐ,50 au-dessus
des planchers, en emploie un petit escabeau ou
marchepied à deux marches, monté sur roulettes et
haut de 0ᵐ,40 à 0ᵐ,45. Il en faudra trois, ou un pour
chaque étage.

Enfin, la chambre d'éducation sera garnie d'au
moins quatre thermomètres à chaque étage, placés
sur le mur de chacune des façades ; d'autant d'hy-

Fig. 23. Escabeau roulant pour service des échelettes.

gromètres et d'un baromètre fixé au mur sur le
palier supérieur de l'escalier qui vient du rez-de-
chaussée.

§ 3. — Conditions physiques.

Nous savons déjà que les œufs de vers à soie
n'éclosent au printemps que dans un milieu suffisamment chaud, et humide de 75 à 80° à l'hygromètre,
de 15 à 25° cent. au thermomètre; ces conditions
doivent aller régulièrement en augmentant du minimum au maximum du début de l'incubation à
l'éclosion, durant les six à douze jours que dure le
développement de l'œuf, suivant qu'il a été conservé
en glacière ou en cave. Après l'éclosion, on main-

tient, soit dans la chambre d'incubation si on y a
laissé les vers, soit dans la magnanerie si on les y a
portés, 80° hygrométriques et 25° cent., jusqu'à la
fin de l'éducation, suivant la plupart des auteurs.
Mais nous aurons à étudier, un peu plus loin, la
question de savoir si, au lieu de terminer l'éducation en trente jours et avec cette température, il ne
serait pas plus avantageux de l'allonger un peu en
diminuant régulièrement et progressivement cette
température en même temps que le degré d'humidité, ainsi que le conseillent aujourd'hui surtout un
grand nombre de sériciculteurs praticiens. Il faut
savoir que plus la température s'élève et plus l'appétit des vers croît, plus aussi ils se développent
rapidement, ayant en somme consommé une moindre
quantité de nourriture que si l'élevage, retardé par
une chaleur moins intense, avait duré un quart de
jour en plus. Mais on sait aussi que cette précocité
forcée dans les deux règnes végétal et animal ne
tarde pas à produire héréditairement une diminution dans la vitalité et une prédisposition aux maladies sporadiques, épizootiques, spontanées ou contagieuses. N'oublions pas que le ver à soie paraît
être originaire du nord de la Chine, contrée à climat
excessif.

Nous venons de voir M. Robinet conseiller une
température constante de 25° cent. Bonafous et
M. Nourrigat, M. Mouzon, donnent des chiffres
notablement inférieurs, que reproduit le tableau
suivant :

AGES.	BONNAFOUS ET M. NOURRIGAT.	M. MOUZON.
Eclosion.	27°50ᶜ	25°00ᶜ
1ᵉʳ âge.	23 75	23 75
2ᵉ âge.	23 12	22
3ᵉ âge.	21 87	21 25
4ᵉ âge.	21 25	20 00
5ᵉ âge.	20 25	20 00

Nous pensons qu'il y aurait mieux à faire encore en descendant plus bas. Les éducations intensives de ces derniers temps s'accomplissaient en vingt-cinq à trente jours; il est à remarquer que la plupart de celles de MM. Camille Beauvais, Dandolo, Amans Carrier, duraient (1833) trente-sept jours, (1814) trente-sept jours, (1827) quarante-quatre jours, (1828) trente-neuf jours.

Nous avons dit (chap. III, § 2) que la fonction de transpiration avait dans le ver à soie une grande importance, et qu'elle s'exécutait en même temps par la peau et par les stigmates. En effet, depuis sa naissance jusqu'au moment où il se renferme dans son cocon, le ver a consommé environ 50 grammes de feuille, qui contient de 66 à 78 pour 100 d'eau, en moyenne 70, et a par conséquent absorbé avec sa nourriture 0 kilogr. 035 d'eau, dont la plus grande partie doit être éliminée. L'air chaud et sec surexcite les fonctions de la peau; l'air chaud et humide, au contraire, les ralentit extrêmement; c'est dans un terme moyen qu'il faut savoir se tenir pour conserver la vitalité de l'espèce, la santé de l'individu, et en obtenir un maximum combiné de produits par

rapport a la quantité et à la qualité. Nysten qualifie
de magnanerie sèche, celle où le thermomètre marque 21° 5 cent. et l'hygromètre 65°; humide, celle
où le thermomètre indique 21° 25 cent. et l'hygromètre 83°; ordinaire celle de 17° 5 de chaleur et de
75° d'humidité.

Les conséquences à tirer de l'état hygrométrique
de l'air seront bien mises en lumière par le résultat
suivant d'expériences faites en 1840 par M. Robinet. Le même nombre de vers divisé en trois lots fut
placé : 1° dans une magnanerie normale, où la
température fut constamment maintenue à 25° cent.,
et l'hygromètre à 75°; 2° dans une magnanerie sèche
où la température fut également de 25° cent., mais
où, à l'aide de chaux vive, l'hygromètre ne marqua
constamment que 70°; 3° enfin, dans une magnanerie humide, où le thermomètre marqua en moyenne
24° cent. et l'hygromètre 89°,2. Voici quels furent
les résultats :

	ÉDUCATION NORMALE.	ÉDUCATION SÈCHE.	ÉDUCATION HUMIDE.
Poids moyen des vers. .	3gr 75	3gr 51	4gr 10
Poids moyen des cocons.	1 86	1 84	2 07
Produit du cocon en soie.	0 31	0 28	0 34
Soie pour 100 du cocon brut.	15	14	15

Nous pensons donc que la magnanerie normale
réunit les conditions les plus favorables à l'espèce et
à l'individu; que la magnanerie humide est peut-
être un peu plus favorable au produit, mais domma-

7.

Fig. 24. Magnméric (1874).

geable à l'espèce; que la magnanerie sèche, au contraire, favorise l'espèce au détriment du produit.

Dans des expériences tendant à un autre but,
Nysten a constaté les résultats que voici :

	ÉDUCATION NORMALE.	ÉDUCATION SÈCHE.	ÉDUCATION HUMIDE.
Poids moyen des cocons.	1ᵍʳ 8	1ᵍʳ 9	1ᵍʳ 6
Cocons obtenus sur 1,000 vers.	662	690	620
Vers perdus sur 1,000. .	338	310	380

On voit qu'ici les conditions les plus favorables se
sont rencontrées dans la magnanerie sèche, tant au
point de vue du poids des cocons, ce qui paraît bien
invraisemblable, qu'à l'égard de la mortalité, ce qu'il
est logique d'admettre. Pour nous, le problème
nous paraît consister expressément à établir l'équilibre parfait entre la quantité d'eau absorbée avec la
nourriture, et son exhalation par la peau, l'expi-
ration et les excréments.

Aux vers à soie, comme à tous les animaux, il faut
fournir en abondance de l'air pur, pour que la respiration s'accomplisse favorablement. On calcule
qu'il faut accorder en moyenne 5 mètres cubes (passages et autres vides de l'atelier compris) aux 2,700
vers provenant de 2 grammes de graine, soit 2ᵐ,50
cubes par grammes, et conséquemment 77ᵐ,50 par
once de 31 grammes, qui se compose d'environ
40,000 vers. Mais il ne faut pas perdre de vue que
la magnanerie renferme de nombreuses causes de
viciation de l'air : d'abord la respiration des vers et

des personnes employées à leur service, puis la fermentation des litières, mélange de feuilles et d'excréments; qu'une partie de cet air est usée et l'autre viciée : usée par la respiration des êtres vivants, viciée par la fermentation des litières, le dégagement d'acide carbonique par les feuilles pendant la nuit, par l'évaporation de leur eau, par le dégagement de leur odeur, etc. Or, il ne suffit pas d'accorder aux vers un cube d'air suffisant et déterminé, il faut surtout renouveler, revivifier cet air d'une manière continue, tantôt en plus grande quantité, tantôt en quantité moindre, et pouvoir le modifier suivant les besoins en le faisant chaud, frais, sec ou humide. De là la nécessité de la ventilation.

Nous avons recommandé de soustraire la magnanerie aux causes qui peuvent développer les miasmes et les effluves. Nous recommanderons de même de la préserver à l'intérieur de toutes odeurs agréables ou désagréables, bonnes ou mauvaises, aussi bien celle du genièvre que celle du tabac, celle de la créosote que celle de l'ammoniaque. Quant au bruit, nous pensons qu'il doit avoir fort peu d'influence sur nos insectes.

Il n'en est pas de même de l'électricité, cet agent indéfini et qui, se combinant avec la baisse de la pression atmosphérique, produit la *touffe sèche*, pendant laquelle la chaleur est accablante, la transpiration suspendue, la mortalité subite et souvent considérable, et à laquelle on remédie par un abondant renouvellement d'air humide, en ventilant et arrosant partout. C'est à l'approche des orages qu'elle

se produit surtout. La *touffe humide*, au contraire,
provient d'une trop grande humidité de l'air; elle
précède parfois aussi certains orages, et on y remédie en desséchant l'air au moyen des calorifères et
en le renouvelant activement. Dans la touffe sèche,
la ventilation doit se faire du haut en bas, et dans
la touffe humide, du bas en haut. Dans les deux cas,
on donne de la feuille mouillée.

La lumière est indispensable, dans une certaine
mesure, aux vers à soie, originairement destinés à
vivre en plein air, sur les arbres, et bien qu'ils appartiennent aux lépidoptères nocturnes. Mais ce
qu'il leur faut, ce n'est pas une lumière trop vive,
l'action directe des rayons solaires, mais bien la lumière diffuse, intermédiaire entre la lumière solaire
et l'obscurité; aussi toutes les fenêtres doivent-elles
être garnies de persiennes, de volets, ou du moins
de rideaux, de façon qu'on puisse régler à volonté le degré d'éclairage de la magnanerie. Pour la
nuit, l'éclairage est indispensable à la surveillance,
mais dangereux; aussi doit-il se faire avec de petites
lampes à huile, à mèches plates, renfermées dans
des lanternes munies de verres de trois côtés, et d'un
réflecteur en fer-blanc poli dans le fond.

La nécessité de l'espacement des vers résulte de
ce que nous avons dit de l'importance de l'aération,
c'est-à-dire de l'urgence de fournir aux vers une
quantité suffisante d'air pur et constamment renou-
velé. Il est évident que la quantité d'air à fournir
par mètre cube, par mètre carré ou par nombre de
vers, varie selon l'encombrement de la magnane-

rie ; et s'accroît en raison directe de cet encombrement. La respiration des vers, l'accumulation des
litières vicient l'air d'autant plus vite que dans un
cube ou sur une superficie donnée, vers et litières
sont plus abondants. Mais il est évident aussi que la
superficie et le cube nécessaire dépendront de l'activité avec laquelle s'opérera le renouvellement de
l'air.

Les chiffres suivants, relatifs à la superficie occupée par les vers qui proviennent d'une once (25 grammes dans le Midi, 31 grammes dans le Centre) de
graine, lorsqu'ils sont adultes, n'ont par conséquent
qu'une signification relative.

AGES DES VERS.	BONAFOUS.	M. NOURRIGAT.	M. ROBINET.	MAGNANERIE NORMALE
1er âge. . . .	0mc95.40	2mc50	»	»
2e âge. . . .	2 00.48	5 00	»	»
3e âge. . . .	4 85.39	12 00	»	»
4e âge. . . .	11 50.16	25 00	»	»
5e âge. . . .	25 21.87	50 00	34mc50	75mc00 [1]

Pour nous résumer dans la question qui nous
occupe en ce moment, nous dirons :

1° Que la température de la magnanerie, élevée à
25° pour l'éclosion, doit être abaissée au moins de
1° cent. dans le jour qui suit chaque mue, mais

[1] Les vers parvenus à toute leur croissance ont environ 0m,10
de longueur et 0m,01 de diamètre ; dix vers couvrent conséquemment un décimètre carré, sans intervalles, et les 40,000 vers
provenant de l'éclosion de 31 grammes (une once) de graine,
occuperont, sans intervalle, 40 mètres carrés ; il faut donc leur
accorder, au minimum, 54 mètres superficiels par once de graine.

graduellement et sans transition brusque. Commencée à 25°, elle se terminera donc à 22° cent. au maximum ; nous inclinerions volontiers à conseiller plutôt encore de l'abaisser de 1°,50, de façon qu'elle s'achevât sous 20° cent. seulement.

2° Que l'humidité de l'air pénétrant dans la magnanerie nous paraît devoir être, à tous les âges, régulièrement maintenue à 75°, mais qu'il nous paraîtrait préférable encore de commencer avec l'éclosion à 76°, et descendre de 1° après chaque mue, pour terminer à 73°.

3° Que la lumière modérée est indispensable aux vers à soie à l'état de larves ou chenilles, destinés par la nature à vivre en plein air ; mais qu'ils fuient l'action directe du soleil, et que leur santé, leur vigueur, leur existence, en un mot, se trouvent mal d'une obscurité complète·

4° Qu'il leur faut de l'air pur, comme à tous les animaux, en proportion de leur activité respiratoire, et en raison directe des causes de viciation de l'air auxquelles ils sont soumis ; que la ventilation naturelle ou artificielle doit venir en aide à l'éducateur pour remplir ce but, suivant la variabilité des circonstances physiques et chimiques qui se présentent dans la magnanerie.

CHAPITRE VI.

DE L'ALIMENTATION DES VERS.

Le choix de la graine, l'installation hygiénique de la magnanerie, sa conduite et sa surveillance, ne sont pas des conditions plus importantes que l'alimentation, dans la réussite des vers à soie. Nous avons donc à examiner maintenant le mode de récolte et de conservation de la feuille, ses qualités très-variables, la préparation qu'on doit lui faire subir, enfin son mode de distribution.

§ 1er. — DE LA QUALITÉ DE LA FEUILLE.

La feuille des mûriers des diverses variétés et prise aux divers âges, est loin d'avoir la même composition et par conséquent les mêmes qualités, la même valeur zootechnique pour l'éducation des vers. Nous avons déjà vu que les feuilles de mûriers de jeunes arbres, greffés et plantés en sols riches, contenaient plus d'eau de végétation que celles d'arbres plus âgés, non greffés et plantés en sols plus arides. Ceci n'empêche pas que, sur un arbre donné, les feuilles, réduites à l'état sec, contiennent une quantité d'azote d'autant plus grande qu'elles sont plus jeunes ; tandis qu'à l'état frais, les feuilles sont d'au-

tant plus aqueuses qu'elles sont plus jeunes. Nysten
a trouvé les proportions d'eau que voici dans les
feuilles provenant d'âges et de variétés différents :

Mûrier sauvageon. . . . . 68.0 pour 100.
Mûrier greffé, feuilles jeunes. 78.4
Mûrier greffé, feuilles entièrement déve-
    loppées. 68.2
Mûrier d'Espagne, feuilles développées. . . 67.8

              Moyenne. 70.6

M. Payen, d'un autre côté, a dosé les proportions
suivantes d'azote dans des feuilles de mûriers des
environs de Paris, analysées à l'état sec :

Feuille jeune du sommet des rameaux. . 6.066 pour 100.
Ensemble des feuilles d'un rameau, le
    15 juillet. 4.938

L'ensemble des feuilles du même rameau développé, mais étudié dans son état normal, contenait
66 pour 100 d'eau et 1,629 pour 100 d'azote.

Nous savons que les feuilles épaisses, grasses,
dures, pubescentes sont peu recherchées des vers.
Quelle que soit la variété des mûriers, il est admis
par tout le monde, et cela est facile à comprendre,
que les vers doivent suivre la feuille. La feuille
jeune est tendre et laisse entamer par le jeune ver
non pas seulement son limbe, mais même ses nervures; la feuille âgée est beaucoup plus dure, mais
les vers ont vieilli comme elle et sont en état de
l'entamer. D'un autre côté, les vers âgés ne se trou-
veraient pas mieux de recevoir de la feuille jeune

que les vers à soie des premiers âges de recevoir de
la vieille feuille. Suivons le plus possible l'ordre naturel des choses; dans son état normal, le ver éclôt
en même temps que les bourgeons du mûrier s'épa-
nouissent, et tous deux, ver et bourgeon, se développent en compagnie. Il ne faut donc faire éclore
la graine que lorsque les bourgeons sont assez développés pour pouvoir fournir sans trop de perte à
leur alimentation, et sont cependant suffisamment
tendres encore.

A âge égal, la feuille la plus fraîche, c'est-à-dire
cueillie le plus récemment, est de beaucoup préférable à celle flétrie, transportée d'une distance notable ou conservée. Il est rare qu'on ait à transporter
la feuille jeune, dont la consommation est relativement minime et qu'on doit toujours trouver près de
la magnanerie; il n'en est pas de même dans les
deux derniers âges, où les vers consomment prodi-
gieusement, ce qui force à s'approvisionner au loin.
Dans ce cas, si on achète la feuille, il la faudra
choisir ayant du corps et d'une couleur vert foncé.
Les transports par voiture doivent se faire la feuille
étant laissée dans les draps noués aux quatre coins
qui ont servi à la cueillette. Toute manipulation inutile la flétrit et produit un déchet. A l'arrivée, on la
déballe, on l'étend par couches moyennes sur le
carreau du magasin, on l'asperge d'un peu d'eau et
on la remue légèrement, après quoi on l'asperge de
nouveau s'il y a lieu.

§ 2. — Conservation de la feuille.

S'il est désirable de fournir aux vers de la feuille
fraîchement cueillie, d'un autre côté, il peut se suc-
céder, dans le Centre et le Nord, des jours de pluie
qui entraveront la récolte de ces feuilles; en tout
cas, dans le Midi, on ne cueille que le matin et le
soir, jamais pendant la grande chaleur du jour. Il
en résulte la nécessité, surtout pendant les deux derniers âges, de s'approvisionner à l'avance, la veille
pour une partie du lendemain ou le matin pour le
soir, parfois pour un ou deux jours. Quels sont les
meilleurs moyens de conservation pour qu'elle ne
perde que le moins possible de ses qualités?

À l'arrivée au magasin, les feuilles sont pesées,
si elles sont à peu près sèches, puis étalées sur le
carreau, mais non foulées, sur 0^m,25 à 0^m,30 d'é-
paisseur, et on les secoue légèrement toutes les
heures avec une fourche en bois, afin de les empêcher de s'échauffer, fermenter et jaunir. S'il n'y en
a qu'une petite quantité, on les placera dans de
grandes corbeilles et on leur fera passer la nuit en
plein air et à la rosée. Si elles sont chaudes et fa-
nées au moment où elles arrivent, on les étend en
couche mince sur le carreau et on les asperge d'eau.
Si elles sont trop mouillées, on les étend également
sur le carreau et on les remue à la fourche de bois
et avec précaution toutes les demi-heures. L'obscurité plus ou moins complète du magasin fait jaunir

la feuille; il y faut la pleine lumière, mais non le
soleil direct. On ne pèse, bien entendu, la feuille
mouillée que quand elle est suffisamment sèche. Enfin,
il faut toujours donner aux vers la feuille la plus ancienne, celle-ci ayant perdu presque toutes ses qualités nutritives après trente-six à quarante-huit heures,
selon la température et les circonstances de la
cueillette.

§ 3. — Préparation de la feuille.

La feuille brute, telle qu'elle arrive au magasin,
lors de la cueillette, contient des brindilles, des
rameaux, des pétioles, des fruits, qui ne permettent
que difficilement d'apprécier le poids de la matière
utile et commerçable qu'elle renferme. Quand elle a
été débarrassée de ces corps étrangers, on dit qu'elle
est mondée. Le *mondage* consiste dans un épluchage
à la main qui ne laisse pas d'être très-coûteux. Pour le
justifier, on allègue avec raison qu'on se rend mieux
compte ainsi de la quantité de nourriture à consommer ou consommée, qu'elle se conserve ainsi mieux
en magasin que brute. Par contre, on reproche au
mondage de coûter très-cher et de flétrir la feuille;
on a remarqué qu'en cet état elle s'aplatit davantage sur les tablettes, privée qu'elle est de son pétiole; elle offre, par conséquent, une nourriture moins
facile aux vers, elle forme une litière compacte,
dans laquelle l'air circule mal, que les excréments
souillent et mouillent toujours, qu'enfin les vers

n'utilisent qu'en partie. Ces inconvénients, comparés
aux avantages, ont fait rejeter le mondage qu'on se
contente de faire exécuter de temps en temps sur de
petites quantités, afin de se rendre un compte exact
de la consommation. Le déchet qui en résulte varie,
selon l'âge des arbres, celui des feuilles, la variété
de mûrier, l'habileté du cueilleur, etc., de 25 à
50 pour 100.

Le *mouillage*, longtemps condamné, puis conseillé comme étant innocent sinon favorable, ne
doit pourtant se pratiquer que dans des limites res-
treintes. Inutile pour la feuille fraîche, il peut être
recommandé pour celle qui s'est desséchée en magasin ou pendant un transport un peu long. Dans
ce dernier cas, 100 kilos de feuilles peuvent aisément absorber 15 à 20 litres d'eau. Il est bien entendu que cette feuille qu'on vient d'asperger ne
sera pas immédiatement distribuée, mais seulement
deux ou trois heures plus tard. On reproche avec
raison à la feuille mouillée de constituer une litière
humide, aisément fermentescible, malsaine, ou de
contraindre à un délitement journalier. Aussi, dans
les années pluvieuses, pratique-t-on, au contraire, la
dessiccation de la feuille. On l'obtient en étendant
les feuilles mouillées sur le carreau non vernissé et
absorbant du magasin, et la remuant fréquemment
à la fourche; plus rapidement encore en la saupou-
drant de gros son ou de sciure de bois sèche qui
absorbent de grandes quantités d'eau, et n'empêchent
en rien les vers de manger, parce qu'ils ont soin d'en

écarter les fragments avec leurs mâchoires et tout en
mangeant.

On pratique généralement le *coupage* de la feuille
à l'aide d'un simple couteau ou d'un coupe-feuilles
(voir chap. v, § 2), pendant les trois premiers âges
des vers. La feuille ainsi divisée est plus rapidement,
plus complétement, plus utilement consommée que
la même quantité de feuilles entières; les vers qui
la reçoivent s'alimentent et se développent plus régulièrement. Ceci s'expliquera si l'on réfléchit
qu'elle est attaquable sur un plus grand nombre de
points et qu'elle se répartit plus également sur toute
la surface des tablettes occupées par les jeunes chenilles. Passé le troisième âge, il n'y a plus d'utilité
à couper que les feuilles exceptionnellement larges
ou très-dures. Les vers, devenus un peu gros, consomment plus complétement la feuille entière que
coupée, et la recherchent davantage.

§ 4. — DISTRIBUTION DE LA FEUILLE.

« On est loin d'être d'accord, dit très-justement
M. Robinet, sur l'influence du nombre des repas
administrés aux vers à soie dans un jour. Quelques
éducateurs pensent que cette influence est très-con-
sidérable, et d'autres personnes recommandables
affirment qu'elles obtiennent de très-beaux produits
avec un petit nombre de repas. » (Robinet.) Il nous
paraît aisé de concilier ces deux opinions : L'appétit
des vers augmente en raison directe de la tempéra-

ture, comme il s'abaisse proportionnellement avec
elle. Ainsi, si l'éducation se fait à une température
moyenne de 20° cent., il suffira de débuter par huit
repas par vingt-quatre heures et de terminer par
quatre repas au dernier âge. Mais si elle se fait à
25° cent., il faudra, dans chaque période, doubler
le nombre de ces repas, de seize à huit.

A température égale pourtant, les vers se trouve-
raient mieux de recevoir leur ration en deux fois
qu'en une seule, la feuille étant alors plus fraîche;
mais il y a là une question de main-d'œuvre qui
fait qu'on donne d'ordinaire chaque repas en une
fois.

La condition essentielle, c'est que les repas soient
toujours donnés à des heures régulières, qu'ils
soient composés du même poids de feuilles identiques pour les lots parvenus au même âge et composés de vers à peu près en même nombre; que
chaque partie des tablettes reçoive une couche de
feuilles de même épaisseur; que la feuille soit bien
soulevée et non tassée; que la distribution s'en fasse
avec soin pour ne pas la froisser, et rapidement.

Les Chinois, et à leur exemple, les grands éducateurs de notre pays, emploient pour la distribution
de la feuille coupée, durant les trois premiers âges,
un tamis à larges mailles, qui permet de la répartir
sur les claies à la fois plus régulièrement et avec
plus de promptitude.

Quant à la feuille entière, pour les cinq derniers
âges, on la transporte à la magnanerie dans de
grandes corbeilles où l'on puise pour en remplir des

corbeilles plus petites qui servent à la distribution.
Deux femmes, munies chacune d'une de ces petites
corbeilles, se placent en face l'une de l'autre, des
deux côtés d'une même table, et répandent soigneusement et également la feuille sur les vers ; à chaque
repas, elles alternent, c'est-à-dire que celle qui
était à droite passe à gauche, et réciproquement ;
mais toujours elles doivent commencer et finir par
les mêmes tables et dans le même ordre.

Ce qui détermine à peu près la quantité de feuille
à donner, par tablette, c'est la manière plus ou
moins complète dont a été consommé le repas précédent ; quand les vers entrent dans le sommeil qui
précède la mue, on en donne très-peu, et pas du
tout pendant le sommeil même ; au contraire, il en
faut des quantités beaucoup plus considérables pendant la frèze qui succède à chaque mue.

§ 5. — CONSOMMATION EN FEUILLE.

Dans la distribution de la nourriture, il n'y a
d'autre règle absolue que de faire consommer aux
vers le plus de feuilles possible dans le moins de
temps, à la condition qu'il n'y ait point de gaspillage. Tant que les vers ont entièrement consommé
le repas précédent, il faut augmenter un peu la ration du suivant, pour ne s'arrêter ou même diminuer que quand ils en auront laissé une portion in-
tacte, la feuille étant toujours supposée, bien
entendu, de bonne qualité.

L'expérience a appris que pendant les six à sept derniers jours seulement de l'éducation, les vers consommaient autant de feuille qu'ils en ont mangé jusque-là ; la quantité nécessaire pour chacune de ces périodes est en moyenne de 600 kilos, soit pour l'éducation entière, de 1,200 kilos de feuille cueillie par once de 31 grammes de graine mise à l'éclosion. Telle est la quantité dont doit s'assurer à l'avance l'éducateur qui achète la feuille ; quant à celui qui la produit lui-même, il doit faire la part des gelées, de la sécheresse, etc., et n'élever autant d'onces de graine qu'il espère récolter de fois 2,000 kilos de feuilles. Si par le fait d'une circonstance imprévue, la feuille venait à lui manquer, il devrait abaisser graduellement de 2 à 3° cent. la température de la magnanerie, tandis qu'il se procurerait par des achats ce qui lui manque. Bien que les vers puissent jeûner complétement, surtout lorsqu'ils sont très-jeunes, durant un temps relativement très-long, il ne faut jamais les soumettre au jeûne ni à la diète sans avoir préalablement abaissé la température, et on ne doit les soumettre à l'abstinence plus ou moins complète que dans les cas de force majeure.

Les éducations rapides, à haute température, consomment-elles moins de feuilles que les éducations plus lentes et faites à température plus basse ? Cela est indiscutable lorsqu'on connaît les lois physiologiques. Plus on arrive à faire consommer une quantité donnée d'aliments dans un laps de temps restreint, et plus on économise de rations d'entretien, c'est-à-dire de cette partie de nourriture consommée qui doit servir à la conservation de l'existence sans donner de produits. Mais cette ration paraît devoir être très-faible pour des insectes à sang froid, dont tout le travail consiste dans les fonctions naturelles et placés d'ailleurs dans une atmosphère relativement chaude. Aussi, bien que nous ne trouvions point d'expériences directes, de chiffres positifs, à cet égard, pensons-nous ne pouvoir évaluer à plus d'un dixième la différence de consommation entre deux élevages de vers de même race opérés l'un en trente, l'autre en quarante-cinq jours. M. Bonafous établit la consommation des vers à soie en la rapportant au poids de la graine qui leur a donné naissance; ainsi :

Dans le 1er âge, ils consomment	112 fois le poids de la graine.	
Dans le 2e âge, —	336 fois	—
Dans le 3e âge, —	1.120 fois	—
Dans le 4e âge, —	3.360 fois	—
Dans le 5e âge, —	20.296 fois	—

Si nous rapportons ces chiffres à une once de 31 grammes, nous aurons une consommation, en feuille mondée et triée, de :

Pour le 1er âge.	3kil 472	
Pour le 2e âge.	10 416	
Pour le 3e âge.	34 720	781kil 944
Pour le 4e âge.	104 160	
Pour le 5e âge.	629 176	

Ces 781 kilogr. 944 de feuille triée et mondée correspondent à 940 kilos de feuille brute.

8

M. Nourrigat estime la consommation notablement plus haut, sa durée étant de trente-deux jours
de l'éclosion à la fin de la montée; il calcule sur
l'once de 26 grammes et en feuille non mondée, et
l'estime :

Pour le 1er âge, à.	5kil 250	⎞
Pour le 2e âge, à.	15　825	⎟
Pour le 3e âge, à.	51　800	⎬ 1.129kil 295
Pour le 4e âge, à.	156　420	⎟
Pour le 5e âge, à.	900　000	⎠

Il est, d'ailleurs, évident que la consommation doit
varier suivant la race et la taille des vers, la variété et l'âge des mûriers, la valeur nutritive des
feuilles, l'année, la saison, le climat, etc. M. Camille Beauvais consommait, en 1835, 1,050 kilos
de feuille brute par once, et en 1836, 760 kilos
seulement; M. Robinet, 1,185 kilos de mûriers
sauvageons en 1838 et 1,058 kilos en 1839.

Dans une éducation réussie (l'once de graine
produisant en moyenne 40,000 vers), la consommation moyenne en feuille s'élève à 1,200 kilos, qui
(à 1,60 pour 100) contiennent 19 kilogr. 200 d'a-
zote; le produit moyen, toujours pour une once,
est de 60 kilos de cocons qui, en soie, bave, bourre
et chrysalide, renferment (à 3,10 pour 100) 1 kilogr. 860 d'azote; les litières (feuilles et excréments)
comprennent donc ensemble un peu moins de 17 kilogr. 340 d'azote; sur les 60 kilos de cocons renfermant 1 kilogr. 860 d'azote, le produit utile ou la
soie exporte de la magnanerie 0 kilogr. 906 seulement, et il reste comme engrais, 72 grammes

d'azote dans la bave et la bourre, et 906 grammes dans la chrysalide, ensemble 978 grammes, et pour engrais total, 18 kilogr. 318 d'azote.

Cette litière des magnaneries se compose de feuilles plus ou moins dépouillées de leur limbe, ayant conservé plus ou moins de leurs nervures et de leurs pétioles; et en second lieu, des excréments de la chenille. Ces débris, enfin, ne sont pas encore sans valeur comme fourrage; tout le bétail, et notamment les chevaux et moutons, les consomment très-volontiers; souvent on leur donne les litières telles qu'elles; il est préférable de les cribler, afin d'en séparer les excréments et les vers morts qui sont au fumier et de ne donner au bétail que les débris de feuilles. On compte que 200 kilos de ces litières criblées sont aussi nutritives que 100 kilos de foin de prairie ordinaire. Le déchet de poids est d'environ, en litière sèche, un trentième de la feuille verte distribuée, c'est-à-dire que 1,200 kilos de feuilles vertes, distribuées dans l'éducation d'une once, fourniraient, en litières séchées sous les vers et enlevées, environ 40 kilos ou 3,33 pour 100.

CHAPITRE VII.

DES SOINS A DONNER AUX VERS.

Après le logement et la nourriture, viennent les soins à donner aux vers et qui n'ont pas moins d'influence sur leur santé et leur produit. De ces soins, nous distinguerons ceux qu'on peut appeler généraux, parce qu'ils s'appliquent à tous les âges, et ceux qu'on peut appeler spéciaux, parce qu'ils sont applicables seulement à certaines périodes de la vie des vers.

§ 1er. — Propreté, désinfection, etc.

Il ne suffit point d'aérer, de ventiler une magnanerie pour avoir assuré la santé et la réussite des vers, depuis surtout qu'une épizootie qu'un grand nombre d'éleveurs regardent comme héréditaire et contagieuse, est venue fondre sur nos insectes producteurs de soie, il faut encore empêcher tout germe infectieux de se produire, et le détruire aussitôt qu'il est né. La plus stricte propreté peut seule nous permettre d'atteindre cet important résultat.

Tout le système de travées, cadres, tables, tablettes, etc., doit pouvoir se démonter et remon-

ter aisément et rapidement. Aussitôt que l'éducation est achevée, on doit enlever toutes les litières,
les faire consommer par le bétail ou les porter au
fumier, puis démonter ce matériel et le passer à une
lessive alcaline (de potasse et de soude ou de cendres), à une lotion au chlorure de chaux ou à une
fumigation de chlore; on lui fait subir ensuite un
grattage soigné, après quoi on le soumet à un lavage
complet à l'eau savonneuse, et on laisse sécher au
grand air. Tout ce mobilier, conservé au sec et à
l'air, autant que possible, n'est remis en place que
quelques jours avant la nouvelle éducation; la magnanerie a pu être, dans cet intervalle, employée à
divers autres usages salubres.

En même temps qu'on nettoyait le matériel, on
appropriait le local lui-même, en le balayant très-
exactement, enlevant et brûlant toutes les poussières
et débris qui en provenaient, lavant le plancher avec
des lessives caustiques, passant les murs et plafonds
au lait de chaux.

Durant l'éducation, on pratique l'enlèvement des
litières toutes les fois qu'il sera nécessaire, ainsi que
nous le dirons dans le prochain paragraphe, et le
plus rapidement, le plus complétement que possible.
D'un autre côté, on prendra les soins nécessaires
pour interdire l'accès dans la magnanerie aux four-
mis, rats, souris et oiseaux, dangereux ennemis des
vers, des cocons ou des œufs.

8.

§ 2. — DÉLITEMENT.

On appelle *délitement* l'opération qui consiste à enlever la litière sur laquelle reposent les vers, litière composée de débris de feuilles incomplétement rongées,
d'excréments solides et parfois aussi liquides. Ce mélange de matières putrescibles, entre promptement
en fermentation sous la température en même temps
chaude et humide de la magnanerie, et développe
des gaz délétères fort nuisibles à la santé des vers à
soie. Son enlèvement est donc d'autant plus urgent
que l'année étant pluvieuse, la feuille sera donnée
plus humide; que le nombre des vers sera plus considérable, eu égard à la superficie des tablettes et au
cube de l'appartement; que la température de la
magnanerie sera plus élevée; que les vers avance-
ront davantage en âge et recevront conséquemment
des repas plus copieux; le danger et l'urgence dimi-
nueront avec une température assez basse relativement et sèche, une ventilation active, un large espacement des vers.

Il n'en faudrait point conclure que le délitement
doit s'opérer chaque jour; ce serait une cause de
gaspillage des feuilles, de dépenses inutiles en main-
d'œuvre, de trouble pour les insectes; il suffit de la
pratiquer à diverses époques déterminées, si la magnanerie a reçu des dispositions convenables. L'é-
poque la plus opportune pour les délitements est
reconnue à peu près par tous les éleveurs être celle

de la frèze, pendant laquelle on ne dérange aucunement les vers dont le notable appétit alors favorise
singulièrement l'opération.

Elle se pratique de la façon suivante : on possède
des filets (fig. 25) en fils de coton, de lin ou de
chanvre, à mailles carrées, dont les unes ont 10 millimètres pour les trois premiers âges, et les autres
22 pour les deux derniers. Chacun de ces filets a les
mêmes dimensions que les tablettes. Deux ouvrières

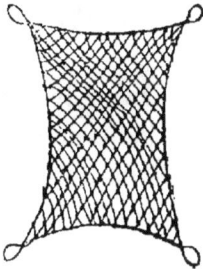 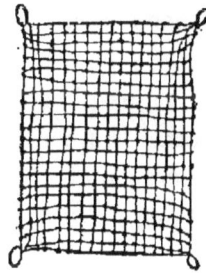

Fig. 25.   Fig. 26.
Filets pour délitement.

prenant le filet par ses deux extrémités et le soule-
vant, l'étendent doucement sur la tablette chargée
de vers qui reposent sur la litière. Sur ce filet, on
répand un peu de feuille fraîche sur laquelle les vers
s'empressent de monter à travers les mailles. Il est
dès lors facile d'enlever la litière supportée par l'ancien filet, le nouveau étant disposé sur une table
voisine avec les vers et la feuille qu'il supporte. On
peut, à la rigueur, n'employer pour tous les âges
qu'un seul modèle de filet de 22 millimètres carrés
de mailles; mais alors il ne faut déliter qu'après

qu'on a donné trois repas sur le filet, sans quoi les
petits vers pourraient tomber au travers des vides
(fig. 26). Enfin on pourrait aussi employer des papiers en grandes feuilles découpés à jour par l'em-
porte-pièce, mais ils sont d'un maniement difficile,
surtout quand la feuille est mouillée; ils sont peu
durables et coûtent relativement aussi cher que les
filets en fil de chanvre. Dans les petites éducations,
on délite à la main en plaçant sur les tablettes des
rameaux de mûriers sur lesquels montent les vers et
qu'on transporte sur une autre tablette dès que l'ascension est devenue générale.

Nous n'avons plus besoin d'ajouter que le nombre
des délitements nécessaires est variable suivant les
circonstances; mais dans les conditions normales, il
se règle à peu près de la façon que voici :

1er AGE. — Un délitement.
2e AGE. — Un délitement pendant la frèze.
3e AGE. — Un délitement pendant la frèze.
4e AGE. — Un délitement pendant la frèze; deux si la feuille
          est humide, soit un le 3e et un le 5e jour.
5e AGE. — Un délitement le 4e et un second le 8e jour; si la
          feuille est humide et la litière mouillée, autant
          de délitements qu'il est nécessaire.

Enfin, quand la montée est terminée, on procède
au nettoyage général des tables et à l'enlèvement de
toutes les litières. Il ne faut pas à deux femmes pour
déliter une table de 5m,75 carrés, c'est-à-dire en
deux fois, étendre le filet, l'enlever et le déposer,
plus de cinq minutes en moyenne.

§ 3. — DÉDOUBLEMENT.

A maintes reprises nous avons eu déjà occasion de dire qu'il était indispensable à la réussite des vers de ne les réunir que par égalité de développement ; tous, en effet, n'arrivent point en même temps, bien que nés ensemble, au sommeil, à la mue, à la frèze ; les uns sont en avance, les autres sont en retard, bien que le plus grand nombre suive une progréssion régulière et moyenne. Il y a donc urgence à séparer les uns des autres, et à en former trois catégories distinctes. On y parviendra au moyen des dédoublements, opérés avant et après la mue.

Avant la mue, alors qu'une partie des vers s'y prépare déjà par le sommeil et l'abstinence, on étend le filet à délitement, on le recouvre de feuilles, et tous les vers retardataires que le sommeil n'a point encore atteints y monteront. Après la mue, dès que la moitié environ des vers qui dormaient durant le premier dédoublement sera réveillée, on procédera de la même façon. Le premier dédoublement nous aura donné les retardataires, le second les avancés, et il nous restera les moyens, qui pourraient subir encore un dédoublement si on le désirait.

Les dédoublements doivent s'opérer à la 1re, à la 2e et à la 3e mue ; à la quatrième, cette opération serait longue, difficile, imparfaite, et en somme peu utile. Chaque série obtenue de dédoublement doit

être placée sur des tables distinctes, afin qu'on
puisse les traiter convenablement suivant la période
à laquelle elles sont parvenues, mue et diète, frèze
et abondance. Les vers non dédoublés composeraient
des tables dont une partie serait en sommeil ou en
mue et réclamerait la diète, dont une autre réveillée ou même en frèze exigerait des repas abondants
et nombreux; au cinquième âge, les uns demande-
raient à monter déjà, que les autres termineraient
seulement leur quatrième mue, et le ramage serait à
peu près impossible.

Dans une magnanerie un peu importante, on
aura soin d'abord d'en séparer les races, c'est-à-dire
les établir sur des travées ou du moins des traverses
distinctes et voisines. Dans chaque race, on séparera
les vers par catégories de naissance: ceux nés le 1er,
le 2e, le 3e, le 4e jour; puis d'autres catégories,
dans chaque race, des vers de même âge mais de
différentes forces obtenus successivement par dédoublement aux trois premières mues. Les catégories de
retardataires peuvent être placées dans une chambre
plus chaude et recevoir des repas plus fréquents,
afin de hâter leur développement et de les rappro-
cher des autres.

Mais chacune de ces diverses catégories doit être
suivie attentivement par l'éducateur qui faciliterait
beaucoup sa surveillance, en plaçant au-dessus de
chaque tablette une petite étiquette indiquant la
race, la date de la naissance et celle de chacune des
mues successives; cette étiquette suivra en double
chacune des catégories extraites du lot.

§ 4. — INCUBATION.

Le premier acte de l'éducation des vers consiste à provoquer leur éclosion à l'époque favorable, c'est-à-dire à avancer ou à retarder celle de leur éclosion naturelle, afin de les faire naître au moment où les mûriers leur promettront une nourriture convenable et assurée. Afin de retarder leur éclosion, on les place dans un local quelconque où la température soit suffisamment basse : une cave, un puits, une glacière, etc., selon le temps pendant lequel on veut les conserver et les moyens dont on dispose.

A l'air libre et sous le climat de Paris, les œufs éclosent spontanément quand ils ont reçu, à partir du printemps (15 février au 31 mai), de 1,100 à 1,200° c. répartis sur un espace de 106 à 120 jours. On peut donc, sans danger, les laisser à l'air libre jusque vers le 15 février dans le Midi et le 1er mars dans le Centre, et les descendre seulement alors dans une cave, d'où on les retire au moment opportun pour les soumettre à l'incubation. Un puits profond peut remplacer une cave, cela va de soi. Enfin, une glacière peut remplir le même but et devient indispensable, lorsque, voulant faire des éducations multiples, on doit retarder l'éclosion jusqu'en juillet et août.

Dans tous ces cas, deux précautions sont importantes à prendre : d'abord placer les cartons de graine dans de grands bocaux (d'une contenance de

4 litres au moins) sans les serrer les uns contre les autres, fermer les bocaux avec des bouchons de liége et les mastiquer convenablement; tous les quinze jours, rapporter les cocons dans une pièce fraîche, les ouvrir, sortir les cartons en toile, les étendre, les laisser sécher à l'air, puis, au bout d'une heure environ, les replacer dans le bocal soigneusement essuyé, reboucher, remastiquer, et reporter à la cave, au puits ou à la glacière. En second lieu, éviter de faire subir aux œufs des transitions brusques de température en les descendant dans le local conservateur comme en les remontant: dans le premier cas, par exemple, on place les bocaux entre les deux portes de la glacière, puis le second jour, dans le corridor qui y donne accès, et le quatrième dans la glacière même; s'il s'agit d'une cave, on n'y descend les œufs que graduellement, de marche en marche, et à l'inverse en les remontant; on les y descend quand la température du local où ont été jusque-là placés les œufs est devenue la même que celle de la cave; on les en remonte en temps opportun.

Quant à l'hiver, il ne faut point se préoccuper de l'influence d'un froid même rigoureux que les œufs supportent bien, et qui paraît même être nécessaire pour empêcher leur développement prématuré.

Six à dix jours avant l'époque où l'on prévoit que les mûriers pourront fournir de la feuille bonne et en quantité suffisante, on procède à la mise en incubation, c'est-à-dire qu'on remonte les œufs de la cave, on les retire du bocal et on les dispose en étendant les toiles ou cartons sur les tablettes d'une chambre spéciale, dite à incubation; sur chaque toile ou carton on fixera avec des épingles un morceau de tulle bobin à larges mailles et débarrassé de son apprêt par le lavage, tulle de mêmes dimensions que le carton ou la toile et qui servira à la levée des vers. Les œufs sont déposés sur les tablettes du bas, puis successivement remontés d'étage en étage, l'air chaud tendant à s'élever.

Au moment où commence l'incubation, l'hygromètre doit être amené à 75° c., soit par des arrosements sur le sol, soit en suspendant des linges mouillés dans la chambre; le thermomètre y marque la température extérieure que nous supposerons être de 18° c.; le lendemain, on allumera le poêle de façon à élever la température d'un degré, soit 19°; le troisième jour, on l'élèvera de deux degrés, soit 21°; le quatrième, de deux encore, soit 23°, et de même encore le cinquième, soit 25°, température que l'on conservera soigneusement jusqu'à l'éclosion et aussi uniforme que possible. L'hygromètre a dû de même être conduit graduellement à 80°, point auquel il est indispensable de le maintenir dès lors, par des arrosements, par des vases en terre et pleins d'eau qu'on place sur le poêle, etc. En même temps et ainsi que nous l'avons dit, on monte les cartons d'une tablette chaque jour; et au bout de six à huit si les œufs ont été conservés à la cave, de dix à douze s'ils ont été mis en glacière, l'éclosion commence.

Dans une petite éducation, on jette les vers éclos le premier jour et qui seraient trop peu nombreux.

9

Mais le soir de ce premier jour, on dépose sur le
tulle qui garnit les toiles ou cartons quelques jeunes
pousses de mûrier, qu'on enlève le lendemain matin
sur les neuf ou dix heures, avec les jeunes vers qui
y sont montés, et ainsi de suite les 3ᵉ et 4ᵉ jours;
ceux qui éclosent le 5ᵉ sont rejetés comme ceux du
1ᵉʳ, étant considérés comme trop peu nombreux et
atteints de quelques vices de constitution. La proportion des vers éclos :

Le 1ᵉʳ jour est d'environ	1/20ᵉ	ou	5 pour 100.	
Le 2ᵉ jour est d'environ	1/3	ou 33	—	
Le 3ᵉ jour est d'environ	1/2	ou 50	—	} 100.00
Le 4ᵉ jour est d'environ	1/20ᵉ	ou	5	—	
Le 5ᵉ jour est d'environ	1/14ᵉ	ou	7	—	

Il est bien entendu que l'élevage des diverses catégories se fera par âge ou époque de naissance,
sans préjudice des dédoublements qui viendront encore les subdiviser.

§ 5. — PREMIER AGE.

Le premier âge commence au moment de l'éclosion; nous avons dit déjà que, pour économiser le
chauffage de la magnanerie entière, on laissait les
jeunes vers dans la chambre d'incubation où la température est de 25° c. et où l'hygromètre marque
80°, dont l'air se renouvelle enfin suffisamment par
l'ouverture fréquente de la porte d'entrée. Ils n'ont
alors qu'environ 2 à 3 millimètres de long; il en

faut 1,700 pour peser 1 gramme; à la fin de ce
premier âge, les vers provenant d'une once de
graine (25 grammes) n'occupent que 2^m,50 carrés
de surface de tablettes. La durée de ce premier âge
est de cinq jours en moyenne; le 4e se passe dans le
sommeil et le 5e est employé à la mue; mais, pendant
les trois premiers, les vers jouissent d'un grand appétit: aussi faut-il leur fournir un repas toutes les
deux heures, soit au minimum, douze par vingt-
quatre heures, jour et nuit. La feuille cueillie fraîche
et coupée au moment du repas pour le jour, cueillie
le soir et fraîchement coupée pour la nuit, leur est
distribuée à la main ou au tamis. Ils consomment alors
de 2 à 4 kilogrammes de feuille fraîche par vingt-
quatre heures. Le matin du quatrième jour, avant le
sommeil, on opérera un délitement et un dédoublement, et le cinquième jour, au matin, un second
dédoublement.

Quand l'éducation marche rapidement et que le
premier âge ne dure que quatre jours, on peut à la
rigueur se dispenser du délitement. Les tablettes de
la chambre d'incubation étant mobiles, les repas
peuvent se donner, les délitements et dédoublements
peuvent se faire au grand jour, près d'une fenêtre.

§ 6. — Deuxième age.

Le second âge commence avec le réveil qui suit
la première mue; les vers ont alors 5 à 6 millimètres de long et, à la fin de cet âge, ceux provenant

d'une once de graine (25 grammes) occupent environ 5 mètres carrés de superficie sur les tablettes.
Le second âge dure quatre jours ; on délite le matin
du troisième jour ; le même soir, ils entrent en
sommeil, et le quatrième jour la seconde mue s'o-
père. Avant et après la mue, on pratique deux dédoublements identiques à ceux du premier âge. On
continue les douze repas par vingt-quatre heures.

§ 7. — TROISIÈME AGE.

Le troisième âge commence avec le réveil qui suit
la seconde mue ; les vers ont maintenant de 12 à
15 millimètres de longueur ; à la fin de cet âge, ils
occuperont environ 12 mètres carrés de tablettes par
25 grammes de graine mise à l'éclosion. Ce troisième âge dure six jours ; la frèze a lieu le 3e et
le 4e, le sommeil le 5e et la mue le 6e. On continue
à donner douze repas par vingt-quatre heures, mais on
coupe la feuille un peu moins fine. On doit toujours
faire un délitement le 4e jour, si le temps est bon ;
deux s'il est humide et la feuille mouillée, les 2e et
4e jours ; deux dédoublements nouveaux avant et
après la mue peuvent être utiles.

Mais les vers ont occupé toutes les tablettes de la
chambre d'éclosion ; il faut les transporter dans la
magnanerie, dont la température a dû préalablement
être par le chauffage portée à la même température de
23 à 24° c. et où l'hygromètre doit marquer de 78 à
80°. Sur les tablettes de la magnanerie, on dispose

les vers, à partir du bas des travées, sur les 1re, 3e, 5e, 7e, 9e et 11e tablettes et en laissant un vide entre deux, les vers, d'ailleurs, étant très-espacés sur la litière et n'occupant qu'environ la moitié de la largeur de chaque tablette. La consommation totale de feuille durant cet âge est d'environ 50 kilos.

§ 8. — Quatrième age.

Le quatrième âge commence avec le réveil qui suit la troisième mue; les vers ont alors atteint 25 à 30 millimètres de longueur. Ils occuperont 20 mètres carrés de tablettes par once au commencement et 25 mètres à la fin. Dès le début, on réduit à huit par vingt-quatre heures le nombre des repas, et on donne désormais la feuille entière, à moins qu'elle soit ou très-large ou très-dure. La consommation s'élèvera à environ 150 kilos de feuille par once de graine pendant cet âge. Il dure six jours comme le précédent; la frèze se présente les 3e et 4e jours, le sommeil le 5e et la mue le 6e. Il faudra donner indispensablement un premier délitement le 3e jour, et un second le 5e au matin; s'il y a lieu, on dédoublera le 4e jour. La moitié des tablettes se trouve alors occupée.

§ 9. — Cinquième age.

Le cinquième âge commence avec le réveil qui suit la quatrième mue; les vers ont alors acquis 40 à

50 millimètres de longueur. Ils occupent 30 mètres carrés de tablettes par once au début et près de 50 mètres à la fin. On continue les huit repas de feuille entière par vingt-quatre heures ; cet âge durant de huit à neuf jours, la consommation totale en feuille brute s'élèvera de 750 à 900 kilos. La grande frèze se produira les 6ᵉ et 7ᵉ jours, le sommeil le 8ᵉ, et la montée le 9ᵉ. La consommation de feuilles est considérable pendant cet âge, nécessite d'importants approvisionnements et exige une soigneuse conservation ; c'est surtout pendant la grande frèze que l'appétit des vers se montre insatiable, pour diminuer notablement dès le huitième jour et se réduire presque à rien le neuvième.

L'espace, l'air pur, la chaleur sont plus indispensables que jamais. On opère trois délitements, les 3ᵉ, 6ᵉ et 8ᵉ jours. Dans les années humides ou quand on donne la feuille mouillée, il faut déliter tous les deux jours ou même tous les jours. Si l'éducation a été bien conduite et bien réussie, les vers ont à peu près tous atteint la même taille et le même poids, et monteront tous en deux jours. A ce moment, ils ont atteint, suivant la race, 8 à 10 centimètres de longueur, 3 à 5 grammes de poids ; ils occupent complétement les 50 mètres carrés de tablettes par once de graine ; ils seront devenus jaunes, transparents, mous, puis ils se vident d'excréments mous et d'un liquide blanc ; ils quittent leur litière, courent et montent sur les poteaux, les tablettes, etc.; ils cherchent un endroit propice pour filer leurs cocons : c'est la montée.

§ 10. — RAMAGE.

Mais il a fallu à l'avance préparer les ustensiles indispensables au coconnage, c'est-à-dire les cabanes, rames ou balais dans lesquels ils monteront pour filer; puis les disposer sur les claies ou tables: c'est ce qu'on nomme le ramage.

Dans les jours qui précèdent la fin de l'éducation, on a dû faire recueillir les branches ou rameaux de diverses plantes, selon le climat et la saison. Ce sont le colza (*Brassica napus oleifera*), la bruyère (*Erica scoparia, Ciliaris, Tetralix, Cinerea,* etc.), le bouleau (*Betula alba*), le vélar (*Erysimum cheirantoides*), la chicorée (*Cichorium intybus*), l'aster (*Aster acris, Amellus, Tripolium, Pyrenæus, Alpinus*), l'armoise (*Artemisia spicata, Vulgaris, Campestris, Gallica*), le cirse (*Cirsium monspessulanum, lanceolatum, palustre*), l'herbe à balai (*Anserinum scoparium*), la cameline (*Myagrum sativum*), le pastel (*Isatis tinctoria*), le séné sauvage (*Coronilla emerus*), le cytise à feuilles sessiles (*Cytisus sessili-folius*), le chèvrefeuille (*Lonicera xylosteum*), l'alaterne (*Rhamnus alaternus*), la lavande femelle (*Lavandula spica*), le ciste ladanier (*Cistus ladaniferus*); à défaut de ces végétaux rameux, on emploie des branchages d'aune, d'orme de chêne, de mûrier; dans quelques pays, on se sert du genêt (*Genista scoparia, Hispanica*), l'airelle (*Vaccinium myrtillus*), l'escoupette (*Chondrilla jun-*

cea), etc., etc. A défaut de végétaux, on emploie même des copeaux de bois.

Les bruyère, genêt, cirse, les branchages d'arbres ou d'arbustes peuvent servir pendant trois ou quatre ans de suite; les colza, velar, chicorée, aster, armoise, escoupette, ne durent qu'un ou au plus deux ans.

Le ramage, de quelque façon qu'on l'opère, doit remplir les conditions suivantes : 1° pouvoir être exécuté très-rapidement, de manière à ne pas faire attendre les vers; 2° être disposé de telle sorte que

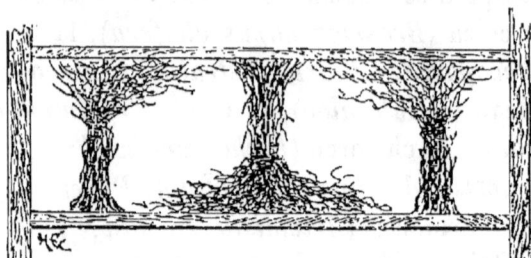

Fig. 27. Ramage ou enramage des tablettes.

tous les vers le trouvent facilement et puissent y monter sans difficulté; 3° être abondant, c'est-à-dire offrir un grand choix de supports: 4° ne pas nuire à la circulation de l'air; 5° ne pas empêcher la distribution des derniers repas aux vers qui mangent encore; 6° ne pas encombrer le filet, afin qu'on puisse enlever la dernière litière dès que la grande majorité des vers est montée; 7° enfin s'exécuter à peu de frais.

Le plus ordinairement on forme, avec les branchages dont nous avons parlé, une sorte de haie de clôture enceignant chaque table, ces rameaux étant posés à la main sur la tablette inférieure et leur sommet se recourbant sous la tablette supérieure; on place de même quelques rameaux au centre. Il est préférable de confectionner avec ces rameaux de petits balais de 0^m,50 à 0^m,60 de longueur, liés à la ficelle, et ayant au lien environ 0^m,15 de circonférence, et que l'on dispose le long de la bordure de chaque côté des tablettes en les inclinant vers le centre et contre la tablette supérieure, de façon à former une voûte de branchages dont les têtes se joignent et se soutiennent. Enfin, au milieu de la tablette et dans le sens de sa longueur, on forme une petite haie composée de rameaux, dont la base est fixée parmi la tête de ceux formant la voûte et dont l'extrémité descend sur la litière, afin que les vers trouvent de fréquents et faciles moyens d'ascension.

Quelques éducateurs ont employé d'abord, conseillé ensuite, l'emploi de la coconnière brevetée de Davril; elle se compose de tasseaux parallèles, laissant entre eux l'intervalle d'un cocon, disposés sur les bords et au-dessus des planchettes à vers, en forme d'échelons; c'étaient, en un mot, des cadres grillagés en rotin. On réduisait ainsi le nombre des cocons doubles, on obtenait un déramage facile; mais les premiers vers qui montaient couvraient de soie la plus grande partie des petites cases, dont l'entrée se trouvait ensuite presque interdite aux retardataires.

Plus récemment (en 1867), M. le chevalier Delprino proposa ses châteaux cellulaires isolateurs, perfectionnement des coconnières Davril. Cet appareil se compose de deux parties : la cabane ou caisse et l'armature. La cabane est formée de montants verticaux qui soutiennent de légers planchers mobiles, longs de 1 mètre, larges de 0ᵐ,50. Sur chacun de ces planchers on place les vers, et un système de coulisses permet de retirer horizontalement chaque tablette séparée pour distribuer le repas. L'armature, qui constitue l'invention capitale, consiste en claies verticales disposées latéralement aux tablettes et formées de deux séries perpendiculaires de petites planchettes qui forment des casiers de 0ᵐ,05 en tous sens ; c'est dans ces cases cubiques que le ver vient s'installer pour coconner. D'autres claies sont disposées obliquement au-dessus du château et aux extrémités des tablettes, afin que tous les vers trouvent à se loger. On évite ainsi les doupions et les cocons tachés ; mais les cadres isolateurs trop rapprochés s'opposent à la circulation de l'air. Le prix de ces appareils pour les vers provenant d'une once (de 31 grammes) de graine est de 125 francs, brevet compris.

Tout système de ramage qui nécessite le déplacement des vers sur d'autres tablettes, ou leur transport dans un autre appartement, doit être rejeté à cause des dangereuses et longues manipulations et triages indispensables.

Le ver qui, à sa montée, ne trouve pas immédiatement un endroit convenable pour tisser son cocon, voit les glandes de la soie se résorber assez rapidement, et au bout de peu de temps il se transforme

en chrysalide, sans avoir filé de cocon. Les vers qui
montent les premiers sont presque toujours à la fois
les plus énergiques et les plus sains.

§ 11. — Déramage et récolte.

La montée, dans une bonne éducation, dure de
deux à trois jours ; ce n'est que huit à dix jours
après qu'elle est terminée qu'on doit commencer le
déramage ou la récolte des cocons.

Les ouvrières recueillent les balais ou rames sur
les tablettes, et les transportent, en les secouant le
moins possible, dans une pièce un peu spacieuse,
au milieu de laquelle elles les déposent. Chacune
d'elles s'assied autour du tas de rames, ayant à sa
portée trois corbeilles dont le poids a été taré : dans
la première, qui est en même temps la plus grande,
on dépose les cocons réguliers de forme et non tachés ; dans une seconde, les cocons doubles ou doupions ; dans la troisième, les chiques ou cocons
tachés.

L'opération fort simple du déramage consiste à
prendre chaque balai ou chaque rameau successivement, et à en détacher à la main les cocons en-
tourés d'une partie de leur bourre. Les corbeilles
pleines ou le déramage terminé, on pèse les cocons
en déduisant la tare du contenant, ce qui donne le
rendement total de l'éducation, facile à diviser par
le nombre de grammes de graine ou d'onces mises

en incubation. On peut prendre ensuite dans plusieurs corbeilles le nombre de cocons nécessaires
pour équilibrer un kilogramme, et la moyenne
de ces pesées, divisée par le nombre moyen des
cocons, donnera le poids moyen de chacun d'eux.

Le déramage opéré, on flambe les balais ou rames
s'ils doivent servir encore l'année suivante. Quelques heures auparavant, on les a humectés d'eau
avec un arrosoir à main; puis, lorsqu'ils sont presque secs, on les présente à la flamme d'un feu clair
de paille ou de copeaux, afin de les débarrasser des
fils de bourre qui y sont restés adhérents; après
quoi on les rentre en magasin, en lieu sec, où jusqu'à l'année prochaine ils perdront l'odeur de
fumée.

§ 12. — DÉBOURRAGE DES COCONS.

Avant de conserver, d'étouffer ou de vendre les
cocons, il faut commencer par les débarrasser de la
bourre qui les enveloppe et les fait adhérer souvent
les uns aux autres. Le débourrage se fait à la main,
par des ouvrières exercées; tenant le cocon de la
main gauche et sans trop le serrer, elles saisissent,
de la main droite, la bourre sur l'un des côtés et
non vers le bout, dans toute la longueur du cocon;
tirant en haut alors, et par un mouvement analogue
à celui par lequel on ouvre une tabatière, elles dé-
bar assent d'un seul coup le cocon de son enveloppe,

tandis que la main gauche le fait pivoter sur son grand axe.

On peut faire en même temps subir un second triage aux cocons en mettant à part les doubles, pointus, percés, satinés ou tachés, qui auraient échappé la première fois à l'œil ou à la main.

§ 13. — ÉTOUFFAGE DES COCONS.

Le ver, renfermé dans sa coque soyeuse, s'y est transformé en une chrysalide qui en doit sortir à l'état d'insecte parfait, sous la forme de papillon, quinze à vingt jours plus tard, en perçant le cocon, qui devient ainsi impropre à la filature, et conséquemment à tout usage industriel. C'est cet accident qu'il convient de prévenir.

Quand les cocons sont déramés et débourrés, quand on a choisi les plus beaux et les meilleurs destinés au grainage, il faut s'occuper de l'étouffage ou fournoiement qui a pour but de tuer la chrysalide sans endommager le cocon.

Autrefois, on ne pratiquait que le fournoiement, qui consistait à placer les cocons déposés en de petites corbeilles, recouvertes de papier, dans un four, duquel on vient de retirer le pain après sa cuisson. On s'assure d'abord que la température n'y est pas trop élevée, en y jetant de petits morceaux de papier qui ne doivent pas roussir. On enfourne alors les corbeilles, qu'on y laisse séjourner durant un laps

de temps de quinze à trente minutes; en général,
on défourne dix minutes après que les chrysalides
s'agitant dans le cocon, sous l'influence de la chaleur,
ont cessé de produire aucun bruit. Ce moyen, bien
imparfait, expose toujours, on le comprend, soit à
brûler tout ou partie des cocons, soit à laisser vi-
vantes un nombre plus ou moins considérable de
chrysalides.

L'étouffage à la vapeur, bien préférable, ne présente aucun de ces dangers, puisque l'eau vaporisée
sans compression ne peut dépasser 100° cent. On
prend donc un tonneau en bois blanc, dont le fond
est percé de trous, et qui mesure environ 1 mètre
de haut et 0^m,60 de diamètre moyen. On y dépose
les corbeilles renfermant les cocons; puis, après
avoir couvert le tonneau d'un couvercle percé de
trous en nombre et de diamètre semblables à ceux
de son fond, on le place sur une chaudière de même
diamètre, contenant de l'eau bouillante, et sous laquelle on continue à entretenir le feu. Après quinze
à vingt minutes, l'opération est terminée; on descend
le tonneau, on en retire les corbeilles et on étend les
cocons sur les tablettes de la magnanerie pour les
sécher.

Par le fournoiement ou l'étouffage, les cocons ont
perdu, en moyenne, 65 pour 100 de leur poids;
c'est-à-dire que 100 kilogr. de cocons frais ne pèsent
plus alors, et quand ils ont séché, que 35 kilogr.
Cette perte est due à la dessiccation qu'a subie la
chysalide.

§ 14. — Conservation des cocons.

Bien qu'il soit le plus souvent préférable de vendre les cocons frais après le débourrage, il est certaines circonstances pourtant où on les doit conserver pendant plus ou moins longtemps en magasin, après avoir pratiqué l'étouffage.

Les cocons étouffés seront alors étendus en couches aussi minces qu'il est possible sur les tablettes alors sans emploi de la magnanerie ; on les y remuera fréquemment pour les amener à une dessiccation complète et régulière. Dès qu'ils sont secs, il est indispensable de les recouvrir de toiles, si l'on ne veut qu'ils soient souillés par la poussière. Pendant tout ce temps, il faut faire bonne garde contre les rats et les souris, qui, très-friands de chysalides, savent très-bien percer les cocons pour y trouver leur régal.

CHAPITRE VIII.

MALADIES DES VERS A SOIE

§ 1er. — CAUSES DE DÉGÉNÉRESCENCE.

Comme tous les êtres vivants, les vers à soie sont exposés à des accidents et à des maladies : les accidents sont les blessures que peuvent recevoir les vers pendant les diverses manipulations qu'on leur fait subir, ou les rares chutes qu'ils font en quittant les tablettes durant les derniers âges, et particulièrement à l'époque de la montée. Les maladies qui les atteignent sont : les unes sporadiques, les autres endémiques ou même épidémiques ; un certain nombre de ces dernières sont contagieuses.

Une once (de 31 gr. 25) d'œufs de vers à soie fournit à l'éclosion, en moyenne, quand elle est bonne, 40,000 petits vers ; en supposant l'éducation réussie, sans invasion d'aucune maladie endémique, ou épidémique, ces 40,000 vers ne produisent, en moyenne, que 30,000 cocons; il y a donc eu, par accidents ou par maladies sporadiques, une perte de un quart ou 25 pour 100 en nombre. Mais le plus souvent, et dans les éducations vulgaires, le produit ne s'élève qu'à 25,000 cocons, soit une perte de 37,50 pour 100. S'il survient une endémie ou une épidémie, la perte qu'elle détermine est à ajouter à celle-ci.

Dans des expériences faites au commencement de
ce siècle, en 1806 et 1807, à une époque où, conséquemment, l'épidémie actuelle ou pébrine n'était
pas connue, Nysten a constaté les pertes suivantes :

CAUSES DES PERTES.	MAGNANERIE SÈCHE.	MAGNANERIE HUMIDE.	MAGNANERIE OUVERTE EN PLEIN AIR.	MAGNANERIE NORMALE.
	pour 100.	pour 100.	pour 100.	pour 100.
Perdus dans les litières ou autrement.....	16.25	12.34	45.65	11.49
Perdus par grasserie..	1.90	1.30	1.60	1.40
Perdus par jaunisse...	2.40	1.90	2.10	2.10
Perdus par la mue...	0.80	0.35	0.40	0.40
Perdus par flacherie..	2.50	13.40	4.70	1.50
Perdus par muscardine.	0.10	0.10	0.10	0.60
Vers courts.......	1.90	1.35	0.90	1.00
Maladies indéfinies, accidents.......	1.80	1.30	3.10	1.30
Total des pertes..	27.65	32.04	58.55	19.79
Cocons obtenus......	72.34	67.96	41.45	80.21

Ces expériences ne relatent pas, évidemment,
toutes les chances de pertes ou de maladies qui pèsent sur nos vers à soie, et qui, presque toutes, dé-
rivent, soit d'un manque de soins, soit de fautes
commises contre l'hygiène. Les maladies auxquelles
sont exposés les vers sont au nombre de sept au
moins, savoir : 1° les vers passés ou flétris ; 2° la
clairette ou luzette ; 3° la jaunisse ou grasserie ; 4° les
vers courts ; 5° la muscardine ; 6° la pébrine ; 7° la
flacherie. Nous allons les étudier brièvement et successivement.

§ 1er. — LES VERS PASSÉS OU FLÉTRIS.

On appelle vers passés, flétris ou harpions, ceux
qui, arriérés, faibles, effilés, chétifs, sans appétit,
et comme frappés de marasme, sont incapables d'atteindre la feuille fraîche en même temps que les
autres, sont foulés par eux, et réduits à vivre en
quelque sorte sur la litière. A chaque mue, ils sont
enterrés ou dérangés, parce qu'ils arrivent ou trop
tôt ou trop tard, s'isolent, se cramponnent aux
claies, et s'il en est qui traînent jusqu'à la montée,
une mort certaine les y attend avant qu'ils aient pu
filer leur cocon. Les dédoublements répétés fournissent un excellent moyen de reconnaître et d'isoler
les retardataires, que l'on peut dès lors nourrir à part
et sauver de tout accident en leur donnant la température, la qualité de feuille, le nombre de repas
qui leur sont successivement le plus favorables. En
un mot, dans une éducation bien conduite, il ne
doit point se trouver de harpions.

§ 2. — LA CLAIRETTE OU LUZETTE.

Les vers clairs ou luzettes se reconnaissent à leur
aspect transparent, surtout vers la tête, qui acquiert
un développement anormal; en même temps, leur
filière laisse suinter une liqueur lucide et visqueuse,
l'animal erre languissamment sur les tables, cesse

de s'accroître, se raccourcit au contraire, et peu
après la quatrième mue se transforme en chrysalide, sans avoir filé de cocon. On assigne comme
cause à cette maladie l'encombrement de la magnanerie, l'insuffisance de la nourriture, le défaut d'aération, toutes conditions d'hygiène qu'il est facile
de réunir, auxquelles il est aisé de remédier.

§ 3. — LA JAUNISSE ET LA GRASSERIE.

« Les meilleurs observateurs, dit Robinet, s'ac-
cordent pour reconnaître que les vers dits jaunes,
et les gras ou porcs, sont affectés d'une même maladie. Elle paraît due à l'insuffisance de la transpiration. Elle consiste dans une bouffissure ou gonflement de tout le corps du ver, accompagnée d'une
teinte jaune foncé dans les vers à soie jaune. C'est
une espèce d'infiltration dans tous les organes de
l'animal, du liquide nutritif qui lui tient lieu de
sang. Cette infiltration, commence autour des stigmates, se propage de là aux articulations des anneaux qui se relèvent en bourrelets et gagne bientôt
toutes les parties du corps. Les pattes paraissent
alors raccourcies à cause du gonflement des parties
environnantes, et le ver n'exerce qu'avec peine tous
ses mouvements. » C'est toujours et exclusivement
vers la fin du cinquième âge que la maladie apparaît, surtout lorsqu'on distribue de la feuille jeune
ou trop tendre et trop aqueuse. En général, les

grosses races y sont plus exposées que les petites,
qui sont toujours plus rustiques, telles que le sina;
les blanches y sont sujettes, quoiqu'un peu moins
peut-être, que celles à soie jaune.

§ 4. — LES VERS COURTS.

Les *vers courts* sont ceux qui, à la fin du cinquième âge, et parvenus à maturité, n'ayant pas
assez tôt trouvé d'endroit propice au tissage de leur
cocon, errent çà et là, répandant leur soie partout
sur leur passage, se vident, se raccourcissent, jaunissent, et meurent d'ordinaire; quelques-uns se
transforment en chrysalide sans avoir filé. Cet accident (car c'en est un plutôt qu'une maladie) provient
évidemment d'un manque de prévoyance de l'éducateur qui n'a ramé que trop tard ou qui a mal ramé.

§ 5. — LA MUSCARDINE.

La *muscardine,* que Robinet confondait à tort
avec la flacherie, vaut aux vers qui en sont atteints
les noms de *muscardins, dragées,* de leur ressem-
blance avec une pastille saupoudrée de sucre, très
en usage dans le midi de la France. La maladie elle-
même a reçu le nom de *rouge,* à cause de la couleur des vers qui commencent à en être frappés.

Voici quels en sont la marche et les symptômes :

Le ver qui va être atteint demeure engourdi, immobile, la partie antérieure du corps dressée comme s'il allait muer ; il refuse toute nourriture. Peu d'heures après, une tache, d'un rouge violacé ou couleur lie de vin, apparaît en un point quelconque et envahit progressivement toute la surface du corps, mais sans jamais présenter de pétéchies ou marbrures noires. La somnolence continue jusqu'à la mort, qui arrive de vingt à vingt-quatre heures au plus après l'invasion de la maladie. Au moment même de la mort, le corps de l'animal est mou, flasque, et conserve sa couleur rouge ; le lendemain, il se dessèche, diminue de volume, se contourne, n'entre pas en putréfaction, devient roide et cassant, tout en prenant des formes et un aspect bizarres ; le troisième jour après la mort, apparaît à l'étranglement des anneaux, et aux stigmates une efflorescence blanche, farineuse, qui deux ou trois jours plus tard recouvre tout le corps. C'est le *ver muscardin*. Quelquefois, pourtant, le mal prend une marche plus lente ; s'il est à la fin du cinquième âge, le ver monte et commence à filer un cocon ; d'autres fois il l'achève même, et s'y tranforme en chrysalide, mais il ne tarde pas à mourir ; si l'on ouvre alors le cocon, facile à reconnaître au son sec qu'il rend quand on l'agite, on trouve la chrysalide recouverte d'efflorescences blanches, c'est *la dragée*. Enfin, mais plus exceptionnellement encore, la muscardine n'apparaît que chez le papillon. C'est d'ordinaire pendant le cinquième âge ou après la qua-

trième mue, et jusqu'à la montée, que la maladie se
déclare.

Presque tous les sériciculteurs sont d'accord pour
reconnaître que la muscardine est éminemment contagieuse; Robinet, en 1848, estimait à un sixième
au moins du produit annuel les pertes causées par
cette maladie.

Elle est due à l'invasion d'un cryptogame, successivement découvert, défini, dénommé par Du-
trochet Bassi et Audouin, (1835-1837), le Botrytis-
Bassiana. On sait aujourd'hui : 1° que, pendant la
maladie, le cryptogame se développe dans l'intérieur du ver et y détruit rapidement tout le tissu
graisseux; 2° que l'on peut communiquer la maladie par inoculation en introduisant à l'aide d'une
aiguille fine, sous la peau d'un ver, d'une chrysalide ou d'un papillon, une parcelle de la moisis-
sure; 3° que la muscardine peut se développer
spontanément chez les vers placés dans une atmosphère trop humide; 4° qu'elle se propage à des
distances relativement éloignées, par les spores ou
granules reproducteurs du champignon parvenu à
fructification sur les cadavres; 5° enfin que la muscardine n'est point spéciale au ver à soie, mais
commune à tous les insectes en général.

Les moyens préventifs paraissent consister dans
une bonne hygiène des magnaneries : température
et hygrométrie convenables, aération suffisante; espacement des vers, délitements fréquents, dédoublements répétés, expulsion immédiate des malades,
désinfection du local et du matériel par des fumiga-

tions de soufre avant l'époque où doit commencer l'éducation. De moyens curatifs, on n'en connaît point, malgré qu'il en ait été proposé un grand nombre (sulfate de cuivre, chaux, l'eau contenue dans la feuille jeune et fraîche ou sur la feuille mouillée, lotions alcalines, etc.). Après avoir choisi de la graine provenant d'éducations où la muscardine n'a point paru, si la maladie fait invasion dans la magnanerie, le plus sûr est de déliter chaque jour, de transporter au loin et d'enfouir profondément toutes les litières; enfin d'éliminer tous les vers qui traînent avant ou après chaque mue et de les détruire immédiatement par le feu.

§ 6. — La pédrine.

La Pébrine (du mot languedocien Pebré, poivre) ou gattine, étisie, atrophie, maladie des petits, Pétéchie, tache ou meurtrissure, Negrone, maladie des corpuscules, etc., est une maladie fort ancienne qui règne épidémiquement en France depuis 1845, date à laquelle elle apparut dans le département de Vaucluse; puis elle se manifesta en 1849 dans les Cévennes, envahit l'Italie septentrionale, de 1854 à 1858, l'Italie centrale, de 1858 à 1860, l'Espagne en 1858. Antérieurement, autant qu'on peut juger de l'identité de la Pébrine avec les épidémies succinctement décrites par les anciens auteurs, elle s'était montrée en 1688 en Provence, en 1710 dans le Dauphiné, en 1726 en Italie, en 1749 en France.

« Elle offre, pour caractères constants, des taches ou pétéchies d'une couleur roussâtre, de dimensions variables, commençant à se manifester le
plus souvent le long des stigmates. Microscopiques
au début, ces points roussâtres vont s'élargissant et
se multipliant, en même temps que leur coloration
se fonce et devient plus visible et déprimée. C'est là
le premier degré de la maladie, pendant lequel
l'animal continue de manger, mais avec plus de mol-
lesse. Cette première période dure environ deux
jours. Dans une deuxième période, les taches s'étendent en largeur, sont déformées, variables, passent
au brun, et envahissent d'abord un ou deux anneaux
du ver, puis la totalité de l'animal, qui se raccourcit
et s'amincit. Il cesse de manger et meurt du quatrième au cinquième jour. Dès le deuxième jour,
les déjections sont changées; au lieu de crottins secs
et moulés que donnait l'animal, il ne rend plus
qu'une matière sous forme à peu près liquide, col-
lante et d'une couleur roussâtre. Un liquide noirâtre
sort de sa bouche et peut être considéré comme le
produit d'un vomissement. Les parties du corps non
atteintes par les pétéchies ont une couleur gris
terne, analogue à celle d'une toile non blanchie.
Un deuxième caractère constant est l'inégalité des
vers; un certain nombre des individus d'une éducation deviennent faibles, n'accomplissent pas leurs
mues et restent petits. Les jeunes vers ne sont pas
atteints dès le début des éducations. En général, les
trois premières phases de leur existence ne sont si-
gnalées par aucun accident; mais vers la quatrième

mue, la maladie éclate et devient assez grande pour emporter les quatre cinquièmes des chambrées. Ceux des vers à soie qui, ayant seulement des germes de l'infection, accomplissent toutes les phases de leur existence, ne donnent que des cocons faibles en poids, et des papillons à gros abdomen, à ailes courtes et maculées, à pattes rabougries et contournées. » (Dʳ Turrel, *Maladie des vers à soie. — Bulletin de la Société zoologique d'acclimatation,* avril 1867.)

La tache caractéristique de la Pébrine existe surtout dans les téguments; ce n'est point simplement un dépôt de matière colorante, mais une altération spéciale des tissus fort analogue à la gangrène. Par ailleurs, un savant entomologiste français, homme en même temps fort compétent en sériciculture, M. Guérin-Menneville, avait découvert le premier en 1849, pendant ses recherches sur la Muscardine, l'existence dans le sang de certains vers malades, de corpuscules animés, vibrants, qu'il proposait d'appeler hématozoïdes. M. Filippi en 1850, Leidig en 1853, M. Cornalia en 1856, confirmèrent l'existence des corpuscules, non-seulement chez le ver à soie, mais chez d'autres chenilles et même sur les cocons; ils leur assignèrent différents rôles, différentes origines et différents noms. MM. Lebert et Frey, en 1856 et 1858, insistaient, après Filippi, sur la signification pathologique de ces corpuscules que M. Osimo découvrait en 1857 dans les œufs du ver. Enfin, M. Vittadini, en 1859, proposait comme moyen de sélection l'examen microscopique des

chrysalides et des œufs, recherches qui furent né-
gligées ou qui avortèrent.

C'est à ce moment (1865), c'est à ce point surtout, que M. Pasteur reprit cette étude. Pour lui,
les corpuscules sont des organites brillants, ovales
ou pyriformes, très-nettement délimités, dont les
dimensions suivant le grand axe ne dépassent guère
deux à trois millièmes de millimètres; ces globules,
ces corpuscules, production qui n'est d'origine ni

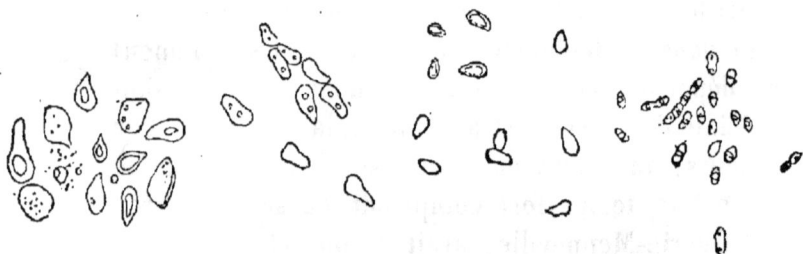

Fig. 28.

Corpuscules caractéristiques de la pébrine à divers états
de développement et de formes diverses, d'après
M. Pasteur.

Corpuscules jeunes, en
voie de divisions
spontanées.

animale ni végétale (fig. 28), qui ne sont animés
d'autre mouvement que de celui dit Brownien, qui
sont doués de la faculté de se reproduire quand ils
sont jeunes par génération endogène, sont le signe
et la cause de la Pébrine. Cette maladie est éminemment contagieuse et héréditaire.

C'est donc, comme le disait en 1860, M. Henri
Marès, la maladie de la graine. Le seul remède,
c'était de refaire de bonne graine et de ne reproduire que celle sur l'intégrité de laquelle on avait

une exacte certitude. Il faut donc examiner à la fois les reproducteurs et le produit :

Six jours environ après la montée, on prend un certain nombre de cocons en rapport avec l'importance de l'éducation, on les place dans une chambre où la température s'élève de 31° 25 à 37° 50 cent., et où l'hygromètre marque au moins 80°; l'éclosion a lieu quatre à cinq jours avant celle des cocons (fig. 29) restés dans la magnanerie. On prend ces papillons successivement, on coupe leurs ailes que

Fig. 29. Partie antérieure du corps d'un ver mort de la pébrine, d'après M. Pasteur.

l'on rejette, et l'on broie tout le corps dans un petit mortier avec deux ou trois gouttes d'eau, puis on examine au microscope, et avec un grossissement d'au moins 400 diamètres, une goutte de la bouillie. Si l'on était pressé, on pourrait faire cet examen sur les chrysalides et sans attendre l'éclosion. Si, sur vingt cocons pris au hasard, on trouve deux ou trois chrysalides; si sur cent papillons éclos, on en trouve plus de dix corpusculeux, il faut livrer le lot tout entier à la filature et se bien garder de l'admettre à la reproduction.

Supposons le lot sain, on le soumet au grainage

cellulaire que nous décrirons dans un chapitre suivant. On pourrait également examiner les œufs au microscope, si la graine était de provenance étrangère; mais il faut bien savoir que : 1° Des papillons corpusculeux peuvent donner de la graine sans corpuscules, mais dont les vers seront corpusculeux; 2° la proportion des corpuscules dans les œufs varie beaucoup, en apparence, avec l'âge auquel on les examine: 33 pour 100, par exemple, après la ponte; 70 pour 100 avant l'incubation, 80 pour 100 dans les vers qui en éclosent; 3° en dernier lieu, l'examen des œufs est beaucoup plus délicat que celui des chrysalides et surtout des papillons, la proportion des corpuscules étant beaucoup plus faible et le champ beaucoup moins net.

D'après M. Pasteur, la maladie, dans le ver, procède de l'intérieur à l'extérieur; l'altération des tissus se produit d'abord sur le tube digestif dont les fonctions sont troublées, et ne se manifeste qu'ensuite sur la peau externe par les taches ou pétéchies. M. Mène ayant fait l'analyse chimique de vers de différentes races, à l'époque de la maladie, a constaté les résultats suivants :

	VERS SAINS		VERS MALADES	
	AZOTE. pour 100.	CARBONE. pour 100.	AZOTE. pour 100.	CARBONE. pour 100.
Race sina..	1.62	10.97	0.94	11.20
Espagnolet jaune.	1.07	9.33	0.85	10.07
Roquemaure.	1.04	»	0.79	»
Turin.	1.68	»	0.92	»

M. Pasteur a toujours remarqué que les races à

trois mues étaient moins exposées à prendre la pébrine que les races ordinaires à quatre mues, circonstance qu'il croit pouvoir attribuer à la moindre
durée de la vie des vers. Mais, en revanche, elles
paraissent plus prédisposées à la grasserie.

§ 7. — LA FLACHERIE.

La flacherie, ou maladie des morts-blancs, des
morts-flats, maladie des tripes. L'épidémie actuelle
n'est pas due à la pébrine seulement, mais aussi à
la flacherie, indépendante de la pébrine, mais non
moins redoutable.

La flacherie n'apparaît guère qu'après la quatrième mue ; mais, à partir de ce moment, la mortalité devient considérable : la litière est couverte de
vers ayant toute la grosseur qui convient à leur âge,
ayant gardé leur aspect extérieur, mais morts ou
mourants ; ce n'est souvent qu'en les touchant qu'on
s'aperçoit qu'ils ont cessé de vivre ; les autres sont
languissants et leurs mouvements sont à peine sensibles. Si quelques-uns ont déjà monté sur la bruyère,
ils s'allongent sur les brindilles et y restent sans
mouvement jusqu'à leur mort, ou bien ils tombent
pendus et retenus seulement par quelques-unes de
leurs fausses pattes. Dans ces dispositions, ils deviennent mous en un temps plus ou moins long, qui
est quelquefois très-court, puis ils pourrissent en
prenant une couleur noire dans l'intervalle de vingt-
quatre à quarante-huit-heures. Leur corps n'est plus

alors qu'une bouillie, une sanie d'un brun noirâtre.

A l'examen microscopique, aucun d'eux ne présentera des corpuscules; mais les matières qui remplissent leur canal intestinal renferment des productions organisées diverses : 1° des vibrions, souvent très-agiles, avec ou sans noyaux brillants dans leur intérieur; ces vibrions, trouvés pour la première fois en 1858 par M. Joly, professeur à la Faculté des sciences de Toulouse, qui les a nommés *vibrio aglaiæ*, sont faciles à distinguer des corpuscules de la pébrine; 2° une nomade à mouvements rapides; 3° le *Bacterium-termo*, ou un vibrionien très-ténu qui lui ressemble; 4° enfin un ferment en chapelet, caractéristique de la flacherie. Ces productions sont réunies dans le même ver, le plus souvent; d'autres fois plus ou moins séparées. Ces ferments animaux ou végétaux ne se rencontrent jamais dans les vers sains.

Ce ferment, qui se multiplie à l'infini dans les tissus de l'animal et le fait périr, est constitué par de très-petites cellules ovoïdes, analogues à celles de la levûre de bière, mais de moitié plus petites encore, se multipliant rapidement par germination, et que, par suite, on trouve disposées en chapelets ou séries de cellules; on ne trouve ce ferment en chapelets que dans la poche stomacale du ver ou de la chrysalide. Le diamètre des cellules est d'environ un millième de millimètre. Le point de départ du ferment paraît résider dans la fermentation des matières contenues dans le canal intestinal; pendant cette fermentation, se forment et se dégagent des acides

gras volatils, qui répandent dans la chambrée in-
fectée (fig. 30) une odeur aigre et désagréable. On
ne peut douter que la présence de ces ferments animaux et végétaux n'altère profondément les fonctions digestives de l'insecte. Lorsque les vibrions
abondent dans les matières du canal intestinal, les
parois de celui-ci ne tardent pas à s'altérer, à se
détruire, perforées qu'elles sont par les vibrions
qui se répandent dans tout le corps. C'est alors que
le ver devient noir et tombe en putréfaction. Les vi-

Fig. 30. Ver mort de la flacherie.

brions se trouvent plus rarement et moins nombreux
dans les chrysalides, et surtout dans les papillons,
peu de vers vivant assez longtemps, après le début
de la maladie, pour subir ces métamorphoses.

Le flacherie est très-souvent accidentelle ou spo-
radique; elle peut résulter, dans ce cas, de l'encombrement des chambrées, d'une température trop
élevée au moment des mues, d'une aération insuf-
fisante, d'un arrêt de transpiration produit par une
touffe sèche, d'une mauvaise alimentation (feuille
échauffée, mal aérée, mouillée par le brouillard).
M. Pasteur regarde comme prédisposante la feuille
des mûriers greffés et taillés chaque année, et conseille l'emploi des feuilles de sauvageons ou de mûriers taillés à de longs intervalles seulement.

La flacherie est héréditaire et éminemment contagieuse : héréditaire, en suite de la conséquence
d'un affaiblissement de la graine ou des vers ; contagieuse, tant par le contact direct de vers infectés
avec des vers sains que par la poussière des magnaneries où ont précédemment séjourné des vers morts
flats. Mais les corpuscules de la pébrine deviennent
inoffensifs dans un temps relativement très-court,
tandis que ceux de la flacherie conservent leur activité pendant des années. D'où résulte la nécessité de
la sélection parmi les reproducteurs et de la désinfection des magnaneries précédemment infectées.
Les éducations précoces fournissent, d'ailleurs, un
précieux moyen de contrôler les graines achetées.

§ 8. — Autres maladies.

M. Pasteur ne reconnaît que quatre maladies bien
caractérisées chez le ver à soie ; ce sont : la grasserie, la muscardine, la flacherie et la pébrine. Toutes
les autres lui paraissent rentrer dans celles-ci : l'apo-
plexie, *l'hydropisie*, l'atrophie, l'étisie, la negrone,
les passis, les arpions, peut-être même les lucettes,
ne seraient que des formes de la flacherie ou de la
pébrine. Il remarque, ce qui d'ailleurs s'observe
dans la plupart des épidémies, que les autres maladies, comme la muscardine et la grasserie, ont paru
diminuer de fréquence et d'intensité depuis l'apparition de l'épidémie actuelle. La maladie, dite autre-

fois *lienterie,* qui consiste dans une irritation des
intestins, à la suite de laquelle le ver rend la feuille
mal digérée, et qui est ordinairement mortelle, nous
paraît également pouvoir être rapportée à la flacherie.

CHAPITRE IX.

DÉGÉNÉRESCENCE ET RÉGÉNÉRATION DE NOS RACES DE VERS A SOIE DOMESTIQUES.

La cause première la plus fréquente des maladies sporadiquées de l'homme et des animaux est à coup sûr l'inobservation des lois de l'hygiène, l'exagération d'une fonction quelconque et la rupture qui en résulte dans l'équilibre général. On ne fait pas en vain violence à la nature, et les nombreux faits qui se sont présentés dans la zootechnie moderne suffisent à démontrer que l'exploitation intensive du bétail conduit fatalement à une diminution dans l'énergie, la vitalité, la fécondité de l'individu d'abord, puis de la famille, de la race, et enfin de l'espèce. *Uti*, *non abuti*. Or, tout individu, toute famille, toute race, toute espèce dont la vitalité diminue, voit par cela seul les maladies et le parasitisme fondre sur lui, tandis qu'il a perdu plus ou moins complétement ses moyens de résistance.

Citerons-nous en preuves : la maladie des pommes de terre, des betteraves, des mûriers, des orangers, de la vigne, et de tant d'autres végétaux que l'amour du lucre nous a fait placer dans des conditions défavorables à leur santé, ou dont il nous a engagés à surexciter la production? Sous un autre climat, à

l'île de la Réunion, la maladie de la canne à sucre
ne confirme-t-elle pas l'universalité de cette loi naturelle? Mais ces maladies, se développant sporadi-
quement, peuvent devenir ensuite endémiques ou
épidémiques, selon qu'elles rencontrent des conditions locales ou générales favorables à leur développement; puis, les unes sont contagieuses par contact direct ou par l'intermédiaire de l'air (miasmes,
spores, poussières), et se propagent d'autant plus
énergiquement qu'elles rencontrent des organismes
plus disposés à les recevoir, moins en état de leur
résister.

Tel n'est-il point le cas du *Bombyx Mori*, de
notre ver à soie du mûrier, originaire très-probablement de la Chine centrale et même méridionale,
où le thermomètre descend fréquemment, en hiver
à —12° à —15° cent., et où pendant trois mois il reste
au-dessous de 0° cent.; du ver à soie pour lequel on
reconnaît qu'un froid de 20° en hiver est très-favo-
rable au développement embryonnaire de l'œuf,
tandis que les hivers trop doux produisent une mauvaise éclosion; du ver à soie qui se nourrit dans
l'état normal des feuilles du mûrier sauvage, qui
éclôt naturellement et sous les seules influences atmosphériques; dont l'existence normale, sous forme
de ver et dans l'état primitif, est de quarante à cinquante jours; du ver à soie enfin que nous avons
trop civilisé et exploité trop intensivement?

En effet, ne nous bornons-nous pas à conserver
les graines, depuis un temps immémorial, également à l'abri des extrêmes de température, du chaud

et du froid? Ne nous sommes-nous pas attachés à
avancer ou retarder son éclosion que nous détermi-
nions, le moment opportun venu, par des moyens
artificiels, en six à huit jours, sous l'influence
d'une température élevée? Ne l'avons-nous pas
nourri de feuilles de mûriers greffés et fréquemment taillés, fournissant une feuille plus abondante,
mais plus aqueuse que celle du sauvageon? N'en
sommes-nous pas arrivés à achever son élevage jusqu'à la montée en vingt-quatre et vingt-six jours?
Ne l'avons-nous pas entassé souvent dans des magnaneries surchauffées, mal, ou pas aérées ni ven-
tilées? N'avons-nous pas abusé du mûrier comme
du ver qu'il nourrissait, et le mûrier n'a-t-il pas été
atteint, lui aussi, d'une maladie cryptogamique (la
Fumagine, *Fusisporium Cingulatum* et le *Rhyzoc-
tona Mori*), qui réagissait encore sur l'organisme
de son hôte?

Ne venons-nous pas de voir M. Pasteur conseiller contre la flacherie de donner de préférence la
feuille du sauvageon à celle du mûrier greffé,
celle des mûriers rarement taillés à la feuille des
mûriers taillés chaque année ou tous les deux
ans; de ne pas élever la température au moment
des mues; d'espacer les vers à tous les âges;
d'aérer, de veiller à ce que les vents secs ne sup-
priment point la transpiration? N'avons-nous pas vu
(chap. II) que, pendant dix ans au moins, les Ursulines de Montigny-sur-Vingeanne ont élevé, dans le
centre de la France (Côte-d'Or), en plein air et avec
un entier succès, une race locale qu'elles ont amé-

liorée et dont on a pu admirer les magnifiques cocons à l'exposition universelle de 1867. Ne pense-
t-on pas enfin qu'il serait temps de substituer pour
le ver à soie l'éducation naturelle, normale, à l'éducation artificielle, forcée, tout autant du moins
que le permet l'économie d'une industrie bien
comprise?

En dehors des moyens excellents et très-pratiques
indiqués par M. Pasteur, n'y aurait-il pas lieu d'étudier si les races à cocons jaunes ne seraient pas supérieures en énergie à celles à cocons blancs qui
paraissent dériver de l'albinisme; si, comme l'ont
cru remarquer le capitaine Hutton, le docteur Sacc
et M. Vallée, les vers dits tigrés ou zébrés qui se
présentent en nombre variable dans presque toutes
nos races et semblent indiquer un retour vers le type
primitif, ne se montreraient pas véritablement plus
robustes et plus résistants aux maladies ? Enfin, en
dehors des éducations industrielles, petites ou grandes, ne serait-il pas possible de faire des éducations
toutes spéciales de grainage, dans lesquelles on rap-
procherait les insectes de l'état de nature autant que
le permet notre climat?

Il est remarquable que la plupart des auteurs anciens, Olivier de Serres (1600), Isnard (1665), Bois-
sier de Sauvages (1763), Pomier (1763), Dubet (1770),
se montrent les ennemis de la trop grande civilisation
du ver et les partisans d'une éducation aussi rapprochée que possible de nature. Puis vint l'abbé Rozier
(1801) qui, conseillant de choisir la feuille des mûriers plantés en coteaux sur terrains maigres et secs,

11

conseille de soumettre les vers à une température-
élevée, se bornant à proscrire les transitions brusques. Dandolo (1816) est le fondateur de l'éducation
industrielle en sériciculture; il conseilla les grandes
magnaneries, réglementa l'élevage en vue de la précocité et eut un grand nombre d'adeptes en France.
Parmi les plus notables, citons M. Camille Beauvais,
directeur de la magnanerie expérimentale des ber-
geries de Sénart; M. Frédéric de Boullenois, secrétaire de la société séricicole fondée en 1837;
M. Robinet, directeur de la magnanerie modèle départementale de la Vienne et professeur du cours
sur l'industrie de la soie au Conservatoire des arts et
métiers de Paris; MM. Guérin-Menneville et Eugène
Robert, directeurs de la magnanerie expérimentale
de Sainte-Tulle (Basses-Alpes), etc., etc.

L'enthousiasme ne connut plus de bornes dès que
l'illustre Darcet eut proposé son système de magnanerie salubre, dans lequel on pouvait combiner l'élévation de la température et son uniformité avec
l'aération. On planta des mûriers, on construisit des
magnaneries, et tout alla bien jusqu'en 1850 environ. Un demi-siècle de sériciculture forcée était plus
que suffisant pour amener le désastre qui vint alors
accabler le midi de la France, l'Italie, l'Espagne,
l'Autriche, et probablement même depuis lors, la
Chine et le Japon. On en était arrivé alors à obtenir l'incubation à 30° c., à faire l'éducation sous la
même température et à la terminer en dix-neuf ou
vingt jours. On sait comment l'épidémie actuelle se
déclara, combien rapide fut son développement,

quelles pertes elle causa à notre agriculture et à notre industrie.

Il fallait s'attendre à une réaction contre les idées dominantes, et elle ne se fit pas attendre : on tenta des éducations à l'air libre en Italie (le maréchal Vaillant, le comte J. de Taverna), en Suisse (M. Gross à Zurich, M. Chavannes à Lausanne), en Autriche (M. Tominz à Trieste), en France (MM. de France à Nîmes, Frérot dans les Ardennes, H. Ménard à Valréas dans le Vaucluse, à Montpellier par M. Ch. Martins, à Anduze dans le Gard par MM. Rollin et André), et nombre d'expérimentateurs à Paris. Les cocons ainsi obtenus étaient petits à coup sûr, mais aucun des vers ne parut atteint de maladie. Ces éducations en petit, faites sur des haies ou des sauvageons nains, à l'aide de filets préservateurs contre les ravages des oiseaux, pourraient être employées pour réparer la vitalité de l'espèce.

Quant aux éducations industrielles, les petites sont recommandées par tous les praticiens et les savants comme préférables aux grandes ; les grainages sont conseillés en petit dans les contrées montagneuses et neuves à la sériciculture ; on est également d'accord pour proscrire les éducations hâtives et multiples ; on ne condamne pas absolument l'emploi de la chaleur, indispensable surtout à l'époque des mues, mais on recommande de la maintenir entre 16 et 20° c., suivant l'âge.

Si, de ce qui se passe chaque jour sous nos yeux dans notre gros bétail, nous pouvons conclure à l'endroit du ver à soie, nous pensons que la consan-

guinité, qui a été depuis si longtemps la règle dans
la reproduction de nos vers et qui eût été innocente
avec un système d'élevage rationnel, a dû contribuer pour une assez large part à l'affaiblissement de
l'espèce dans nos éducations forcées. Dès qu'il sera
possible donc, nous conseillerons aux éleveurs de
renouveler leur graine fréquemment, au moyen d'é-
changes ou d'achats.

§ 2. — PRODUCTION DE LA GRAINE.

Nous avons conduit l'éducation des vers jusqu'au
coconnage (chap. VII, §§ 10 et 11) ; nous avons indiqué aussi (chap. III, § 2) le moyen de distinguer
d'une façon à peu près certaine le sexe des papillons
renfermés dans le cocon. C'est donc au moment du
déramage que nous choisirons nos reproducteurs,
d'après la régularité de leur forme, la couleur et la
nuance, rejetant également les trop gros et les trop
petits. Nous supposons, bien entendu, que les cocons ont préalablement subi par prélèvement l'examen microscopique des chysalides, et qu'il a été
favorable au lot au double point de vue de la pébrine
et de la flacherie.

Dans une bonne éducation, on sait que 1 kilogr.
de cocons produit en moyenne 50 grammes d'œufs ;
on choisit donc en nombres égaux des cocons mâles
et femelles pour former autant de fois 1 kilogr. que

l'on désire de fois 50 grammes de graine. Dans les Cévennes, les cocons choisis étaient sans distinctions de sexe, mis en chapelets ou filanes, c'est-à-dire qu'à l'aide d'une aiguille enfilée de fil fort, et que l'on enfonçait latéralement et sur deux points rapprochés du cocon, on en formait des chapelets que l'on suspendait ensuite perpendiculairement le long d'un mur recouvert d'un linge de toile ; après l'éclosion, l'accouplement avait lieu naturellement ; tous les matins, vers neuf heures, on enlevait les couples pour les déposer sur des toiles ; huit à neuf heures plus tard, on retirait les mâles en interrompant l'accouplement, pour en jeter une partie et conserver les autres dans des cornets de papier afin de les donner à d'autres femelles en cas de besoin.

Généralement on procédait d'une façon un peu plus rationnelle, et que voici : Les cocons choisis sont collés par sexes séparés et avec un peu de colle de farine sur des feuilles de papier gris collé ; ces cocons disposés à la main sont rangés en lignes distantes de 10 à 15 millimètres, se touchant latéralement, mais les deux extrémités restant libres. Les feuilles de cocons sont disposées à plat sur les tablettes de la chambre d'incubation ou sur celles de la magnanerie, où on élève et maintient la température à 20 ou 25° cent., et où on ne laisse pénétrer qu'un demi-jour. A cette température, l'éclosion des papillons commencera de quinze à vingt jours après la montée. Nous avons vu (chap. III, § 4) comment, à quelles heures, et en quelles proportions sexuelles elle se faisait. À mesure de l'éclosion on

saisit le papillon par les ailes et on le dépose sur
une toile verticalement tendue sur la muraille ou
sur deux tablettes, mais en ayant soin encore de
séparer les sexes. Une heure plus tard, quand les
nouveau-nés sont secs et ont expulsé leur liqueur
rousse, on choisit ceux qui paraissent vigoureux et
sont de bonne couleur, et on dépose l'un près de
l'autre, sur une toile tendue verticalement ou mieux
obliquement, un mâle et une femelle.

L'accouplement a lieu presque aussitôt et dure
normalement de dix à douze heures. Mais on a coutume de l'interrompre vers quatre heures du soir,
c'est-à-dire après une durée d'environ six heures;
pour cela, maintenant la femelle en place de la main
gauche, dont trois doigts la tiennent doucement
par l'abdomen, on saisit de la main droite le mâle
par les ailes, on tire légèrement et on l'enlève pour
le conserver en vue d'un nouvel accouplement, s'il
en est besoin le lendemain. Cette pratique anti naturelle nous paraît vicieuse de tout point; laisser à
l'accouplement sa durée normale nous semble une
condition indispensable à la bonne et complète fécondation des œufs.

M. Pasteur a proposé deux systèmes de grainage,
l'un dit grainage au microscope, l'autre dit grainage
cellulaire.

Le grainage au microscope s'opère en choisissant
au hasard, dans chaque lot, aussitôt le coconnage
fini, un nombre proportionnel de cocons que l'on
place dans la chambre d'incubation chauffée de
31°25 à 37°50 cent., et où ils éclosent quatre ou cinq

jours au moins plus tôt que ceux laissés dans la magnanerie. On examine au microscope et successivement les sixième, huitième et dixième jours les
chrysalides renfermées dans ces cocons, une ving-
taine en tout; si, sur ce nombre, on en trouve seulement deux ou trois qui soient corpusculeuses, tout
le lot doit être rejeté pour le grainage. Sinon, on
procède comme d'ordinaire.

Le grainage cellulaire, beaucoup plus simple,
consiste à procéder à l'éclosion des cocons et à l'accouplement comme de coutume; de quatre à six
heures du soir on porte séparément chaque couple
sur chacun un petit linge de toile, enfilé verticalement dans une corde horizontalement tendue; on
rompt violemment, ici encore, l'accouplement qui
n'a duré que sept à huit heures, et on jette le mâle
sans s'inquiéter s'il est corpusculeux ou non. Après
que la femelle a pondu, on l'enferme dans un coin
de son linge, à l'aide d'une épingle qu'on lui fait
passer à travers les ailes afin qu'elle ne puisse voya-
ger. On réunit ensuite les extrémités de chaque
ficelle, en s'arrangeant de façon qu'il y ait de l'air
entre les linges, et, à temps perdu, pendant l'automne ou l'hiver, on examine au microscope chacune des femelles, en rejetant, au fur et à mesure,
les pontes de toutes celles qui offrent des corpuscules.

Plusieurs observateurs ont reconnu que les mâles
avaient très-peu ou même pas du tout d'influence
sur l'infection des œufs. Néanmoins il faut craindre
un affaiblissement communiqué à la graine par des

mâles malades, indépendamment de la présence
effective des corpuscules. Aussi M. Pasteur a-t-il recommandé de préférer à cette pratique la suivante,
beaucoup plus rigoureuse : les couples seront placés
dès le matin dans des casiers formés d'une multi-
tude de petites cellules rectangulaires en bois ou en
carton. Le casier une fois rempli, on abaisse le couvercle formé d'un treillis métallique, qui permet la
circulation de l'air, tout en empêchant le déplacement des papillons d'une cellule à l'autre. Le soir,
on met séparément chacun des couples sur les différentes petites toiles. Aussitôt après on désaccouple
en disposant au fur et à mesure chacun des mâles
dans un des coins de la toile, et en le retenant par
une épingle, comme nous l'avons expliqué tout à
l'heure. Après la ponte, la femelle sera placée de la
même manière à l'autre coin. On peut encore disposer le bas des toiles en forme de sac, en repliant
la toile sur elle-même et collant ses bords avec un
peu de colle liquide. Au moment du désaccouple-
ment, le mâle est enfermé dans le sac fermé par
une épingle. Après la ponte, la femelle y est enfer-
mée à son tour. On les examine ensuite à loisir au
microscope, rejetant ou admettant les œufs, suivant
l'état dans lequel on a trouvé leurs auteurs.

Enfin, le même savant indique une méthode
d'éducation cellulaire à grande surface comme
moyen de régénération d'une race, à l'aide d'une
graine, quelque mauvaise qu'elle soit : à l'époque
de l'éclosion, au moment même où les vers viennent de sortir de leurs œufs, et où ils n'ont encore

pu se contagionner les uns les autres, levez-les un
à un à l'aide de très-petits fragments de feuilles de
mûrier, que vous présenterez séparément à chacun
d'eux, en vous servant d'une petite pince pour tenir
la feuille et soulever le ver. Placez-les alors dans un
casier ou dans des boîtes de carton de $0^m,06$ à $0^m,07$
de hauteur et de $0^m,08$ à $0^m,10$ de côté, chaque ver
ayant sa cellule. Comme ils paraissent avoir un grand
besoin de société, il sera indispensable de couvrir
chaque case d'un morceau de canevas afin d'empêcher qu'ils ne se réunissent. Le fond de tout le casier
devra être également fait de canevas, pour faciliter
l'aération dans les cellules. Par ce procédé, on ne
guérit pas, à coup sûr, les vers atteints de pébrine
et de flacherie, mais on les empêche de communiquer la maladie contagieuse à ceux qui sont sains;
on élimine les uns dès qu'on s'aperçoit qu'ils sont
atteints, on conserve les autres pour les admettre à
la reproduction après examen microscopique des
papillons d'abord et des œufs ensuite.

§ 3. — SOINS ET CONSERVATION DE LA GRAINE.

Nous avons vu (chap. III, § 1er) qu'après la ponte
et jusqu'au moment où commence le travail d'organisation de l'embryon, les œufs perdaient, par évaporation, une partie relativement notable de leur
poids. Ce n'est donc qu'en octobre à peu près qu'il
faut peser la graine obtenue, afin de se rendre

11.

compte de la quantité d'œufs qu'elle contient. Nous nous rappelons que la ponte s'est effectuée sur du papier ou de la toile ; on découpe un carré de papier ou de toile exactement semblables et de mêmes dimensions que ceux qui sont chargés de graine et qui servira à établir la tare. La différence de poids entre le papier ou la toile de graine et le papier ou la toile vides donnera très-approximativement le poids des œufs.

On compte la graine par once ; l'once la plus employée est l'once usuelle, qui pèse 31 gr. 25 millig. Dans le Midi pourtant on compte à l'once de 25 gr. La première contient donc, en moyenne, 42,187 œufs, et la seconde à peu près 33,750 œufs. Un kilogramme de cocons mâles et femelles choisis fournit, en moyenne, 55 grammes de graines, soit une once et trois quarts usuelle ou deux onces et un cinquième du Midi.

Depuis la ponte en juin, en juillet, jusqu'au pesage en octobre, les toiles ou papiers sont conservés, soit dans la magnanerie, soit dans une cage d'escalier, un vestibule, une pièce exposée au nord, dans un local enfin où le soleil ne pénètre pas directement et où la température ne s'élève jamais, pendant cet espace de temps, au-dessus de 15° cent. Des cordes ou des fils de fer tendus à peu de distance du plafond reçoivent les toiles ou papiers pliés en deux, le côté garni d'œufs en dedans, et qu'on y place à cheval. On doit les visiter fréquemment, afin de les débarrasser des teignes et de surveiller les dégâts des rats et souris. On n'a point à se préoccuper des froids de

l'hiver, qui non-seulement empêchent le développement prématuré du ver, mais encore sont utiles à ce
développement, et donnent des embryons plus robustes. Si même on possédait une glacière, et que l'hiver fût doux, il serait bon d'exposer, durant un mois
environ, les vers à ce froid artificiel.

Quelques éducateurs détachent, peu après la
ponte, les œufs de la toile à laquelle ils adhèrent
assez fortement. Pour cela, on choisit un temps sec
et serein, on trempe les linges dans de l'eau à la
température de 13 à 15° cent.; puis le linge étant
tenu tendu par deux personnes, l'une racle la toile
avec un long couteau, et en détache facilement les
œufs qui tombent dans l'eau de trempage; cette eau
est presque aussitôt versée sur un fin tamis qui re-
tient les œufs; on les étend sur un linge, en couche
peu épaisse et à l'abri du soleil; on les remue fréquemment avec une plume pour les faire sécher et
les empêcher de s'agglomérer. Lorsque cette graine
est bien sèche, on la place dans de petits sacs de
toile ou dans des boîtes en carton, percées de nombreux et petits trous; sacs et boîtes doivent être de
faibles dimensions, et ne doivent jamais être complétement remplis. On les traite comme les œufs restés sur toile. Cette pratique nous semble tout au
moins inutile, l'espace occupé par les toiles étant
insignifiant.

Le moment venu de mettre la graine à l'incubation, nous avons vu quelles étaient les précautions à
prendre. (Voir chap. VII, § 4.)

Lorsqu'on achète la graine au lieu de la produire,

nous ne saurions trop recommander de la soumettre
avant tout à l'examen microscopique, et, si cet examen est satisfaisant, à une éducation précoce faite en
petit, à l'aide de la chaleur artificielle, en janvier
ou février, nourrissant les quelques vers qui en proviennent avec de la feuille de mûriers nains conservés en serre.

Depuis le début de l'épidémie qui a frappé nos
magnaneries, nous avons dû chercher à nous procurer des graines saines et agrandir le cercle de nos
recherches à mesure que la maladie envahissait les
divers centres de production. On s'adressa à l'Italie
d'abord, qui, en 1855, nous en fournit jusqu'à près
de 28,000 kilogr.; puis en Espagne, en Turquie, en
Asie Mineure, s'avançant de plus en plus vers l'extrême Orient. Enfin, aujourd'hui le Japon est presque le seul pays dans lequel nous puissions trouver
l'appoint de nos grainages indigènes. En 1868-69, le
Japon exporta pour l'Europe 2,195,651 cartons de
graines, dont 631,443 pour la France. Ces cartons,
excellents d'abord, et qui se vendaient de 25 à 30 fr.,
ont successivement décru en qualité avec la demande
et ne se payent plus aujourd'hui couramment que de
15 à 20 fr. Ces cartons supportent de 40 à 50,000
œufs environ, et correspondent conséquemment à
environ un poids d'une once usuelle (31 gr. 25)
de graine. Heureusement, et grâce au secours de la
science, l'industrie du grainage commence à s'organiser en France, et nous pouvons désormais entre-
voir le jour, encore éloigné pourtant, où nous ne
serons plus contribuables de l'étranger pour les

30,000 kilogr. de graines qui nous sont nécessaires chaque année. En ce moment, on paraît beaucoup attendre des graines que l'on commence à produire en certaine quantité dans l'Amérique méridionale où la maladie ne s'est point encore déclarée.

On peut facilement avancer ou retarder le grainage d'une race annuelle : le retarder, en plaçant les cocons vivants dans une cave où la température constante soit de $+ 10$ à $+ 12°$ cent., ce qui diminue d'autant le séjour que la graine devra faire en glacière jusqu'à son éclosion. L'avancer, en soumettant les œufs, après la ponte, à une hibernation artificielle d'environ quarante jours dans une glacière ; la graine éclôt alors en automne, au lieu du printemps suivant. (M. Duclaux.)

M. Maillot a fait récemment connaître un moyen très-curieux d'obtenir le même résultat ; ce moyen, connu dès 1856 dans la province de Bergame, décrit par M. V. B. (Barca ?) en 1870, permet d'obtenir au mois d'août des vers avec la graine pondue sur carton en juin ou juillet. Vers la fin de juillet ou le commencement d'août, on frotte vivement la graine, pendant huit ou dix minutes, avec une brosse longue, en crin végétal et non animal, une de ces vergettes qui servent à battre les cocons dans les filatures, jusqu'à ce que les œufs qui restent collés soient bien brillants ; une partie de ces œufs sont écrasés, une autre reste inaltérée et n'éclora qu'au printemps ; la moitié environ éclora bientôt. On laisse reposer le carton ainsi traité pendant quatre ou cinq jours, à 12 ou 15° R., puis on le remet à la température ambiante. Quinze jours après, les éclosions commencent et se succèdent plus ou moins nombreuses, à des intervalles irréguliers. C'est ce qu'on nomme l'éducation automnale à la brosse. (M. Maillot. *Rapports à M. le ministre de l'agriculture*, 1873.)

CHAPITRE X.

DÉPENSES ET PRODUITS.

De 1844 à ce jour plusieurs contrées du midi de la France ont dû renoncer à l'industrie séricicole qui avait fait jusque-là une partie de leur richesse, la pébrine ayant rendu très-incertaine, très-chanceuse, très-rare, la réussite des éducations : ainsi les Cévennes, le Bas-Languedoc, une partie de la Provence. Après vingt-huit ans de ravages, le fléau paraît décroître, et avant peu, sans doute, on pourra utiliser de nouveau les nombreuses et magnifiques plantations de mûriers, qui, dans l'Hérault, le Gard, l'Ardèche, etc., sont restés depuis si long-temps sans emploi.

Si pourtant nous voulons rechercher le bénéfice que peut fournir en terme moyen l'éducation du ver à soie, c'est à une époque antérieure à la maladie qu'il faudra demander nos renseignements. Si nous considérions l'époque actuelle, les dépenses se sont plutôt accrues qu'elles ne sont restées stationnaires, mais combien a décru le chiffre des produits !

§ 1er. — DÉPENSES.

Fournissons d'abord quelques renseignements de détail sur les principaux éléments de dépenses. La feuille d'abord : nous savons que les vers provenant de chaque once de graine consomment en moyenne,

pendant toute la durée de l'éducation, 1,200 kilogr.
de feuille brute (chap. VI, § 5), dont la valeur
moyenne est de 5 fr. 55 c. les 100 kilog., prise sur
l'arbre (chap. IV, § 3). En 1838, M. Robinet a dû
employer soixante-quatre journées d'hommes à
1 fr. 75 c. l'une pour faire récolter 2,962 kilogr.
de feuilles sur des mûriers de divers âges, mais mal
ou même non taillés, chargés de rameaux et de
fruits; c'est-à-dire que chaque homme n'a cueilli
que 46 kilogr. environ par jour, et que la cueillette
de 100 kilogr. de feuilles revenait à environ 4 fr.
La même année, madame Millet employait pour récolter la nourriture nécessaire aux vers provenant
de 51 grammes d'œufs (soit 1,550 kilogr. environ),
quarante-huit journées et demie d'hommes à 1 fr.
50 c., soit environ 32 kilogr. par homme et par
jour, et un prix de revient de 4 fr. 70 c. par
100 kilogr. Dans les Cévennes, la cueillette des
feuilles se faisait, en 1837, au prix de 1 fr. 25 c.
par 100 kilogr. Dans des plantations de mûriers
taillés, ainsi que nous l'avons dit, un homme un
peu exercé peut aisément récolter par jour 100 kilog.
de feuilles et 200 kilogr. sur des mûriers nains. Pour
monder les mêmes 1,550 kilogr. de feuilles, il a
fallu vingt journées de femmes à 0 fr. 65 c. par jour;
c'est-à-dire que chaque femme a mondé par jour
77 kilogr. 500 de feuilles, et que cette opération
revenait à 0 fr. 75 c. par 100 kilogr.

L'achat de la graine, aujourd'hui si délicat quant
à son origine, et dont le prix s'est presque quintu-
plé, était, avant la maladie, un élément presque

insignifiant de la dépense, et, d'ailleurs, chaque éleveur produisait à peu près la sienne ; le prix de l'once ne variait guère que de 4 à 5 fr. Dans ces dernières années, il s'est élevé jusqu'à 20 et 25 fr. ; il est descendu maintenant de près de moitié pour les cartons du commerce ; mais les cartons garantis et d'origine certaine ne seront jamais payés trop cher.

Le chauffage était généralement considéré comme payé par la litière, qu'on la convertît en engrais ou qu'on l'employât à la nourriture des moutons. Évidemment, le climat sous lequel on opère influe sur la consommation en bois ; mais il est bon de savoir que l'approvisionnement doit s'élever, dans le midi de la France, à environ 1 stère 50 de bois dur par once, et dans le centre, à 2 stères et demi. L'éclairage, indispensable pour les soins nocturnes des premiers âges, peut s'élever à environ 1 fr. 50 c. par once.

L'enramage, lorsqu'il se fait avec des débris végétaux, ne coûte que le prix du temps employé à les récolter et les transporter à la magnanerie. Mais la plupart de ces rameaux (bruyères, cystes, genêts, etc.) peuvent servir pendant plusieurs années de suite, tandis que d'autres (paille de colza, de cameline, etc.) doivent être renouvelés annuellement. Le prix des encabanages fixes de divers systèmes (*Del Prino*, etc.) représente l'intérêt du prix d'achat des ustensiles et leur amortissement. Nous pensons ne pas nous éloigner beaucoup de la vérité en évaluant cette dépense, en moyenne, de 1 fr. 50 c. à 2 fr. par once de graine.

La dépense en main-d'œuvre est un des éléments les plus importants du débit, élément négligé dans les petites éducations qui s'opèrent par les seuls soins de la famille, mais dont il ne faut pas moins tenir compte. Dans une éducation un peu importante, il faut compter d'abord, pendant toute la durée de l'éducation, le temps d'un magnanier ou chef d'atelier, à 4 fr. au moins par jour, soit pour trente jours 120 fr.; puis, suivant la disposition de la magnanerie, de dix à quinze journées de femmes à 1 fr. 25 c. par once, pendant les deux premiers et le cinquième âge, soit de 12 fr. 50 c. à 18 fr. 75 c.

Le loyer de la magnanerie et des ustensiles qui la garnissent peut être négligé dans la petite éducation de la chaumière, mais la grande industrie séricicole ne peut agir de même. C'est là pourtant un élément difficile à apprécier, et qui varie très-notablement avec le mode de construction et d'installation adopté, selon que le même local peut être adapté pendant le reste de l'année à d'autres usages agricoles ou industriels, comme séchoir, magasin, etc. Ce loyer doit, en tout cas, représenter tout ou partie de l'intérêt et de l'amortissement de la magnanerie et de son mobilier. Nous devons encore y joindre les frais de l'assurance contre l'incendie de l'une et de l'autre, et même des vers à soie pendant la durée de l'éducation. Nous ne pensons pas errer beaucoup en fixant l'ensemble de ces frais à une moyenne de 25 fr. par once.

Si nous récapitulons ces divers éléments de dépense en calculant sur une éducation de 10 onces de graines, nous arriverons au résultat suivant, raisonnant toujours dans l'hypothèse de la disparition de la maladie.

Achat de 10 onces de graines à 8 fr. l'une. . .	80[f]	» c
Valeur de la feuille sur l'arbre, 12,000 kilos brut, à 6 francs.	720	»
Salaire du magnanier, 30 jours à 4 francs. . .	120	»
120 journées de femmes à 1 fr. 25 c.	150	»
Chauffage, 20 stères de bois à 8 francs.	160	»
Éclairage, environ.	15	»
Rameaux pour encabanage, environ.	17	50
Loyer de la magnanerie meublée, assurances, etc.	250	»
Cueillette de la feuille, 2 francs par 100 kilos.	240	»
Mondage de la feuille, 1 franc par 100 kilos. .	120	»

Total des dépenses. . . . 1.872 50

ou par once 187 fr. 25 c. Calculant pour le temps actuel, nous avons dû, cela va de soi, adopter les valeurs actuelles, afin d'approcher autant que possible de la vérité. Passons maintenant aux recettes.

§ 2. — Produits.

Les éléments du produit sont assez simples; ils se composent des litières, dont nous avons indiqué l'emploi, et des cocons obtenus. Nous avons dit que les litières étaient considérées, dans les contrées séricicoles, comme couvrant les frais de chauffage; si le prix du bois a augmenté depuis vingt ans, celui des fourrages et des engrais a suivi une proportion à peu près égale; nous ne pensons donc pas avoir rien à modifier.

Quant au produit en cocons, on obtenait en moyenne, avant la maladie, dans les Cévennes, 38 kilog. 500 par once de 31 grammes, soit 31 kilog. par once décimale de 25 grammes. Mais dans une

magnanerie bien conduite on peut obtenir des ren-
dements beaucoup plus élevés, témoin les chiffres
suivants : Dandolo, dès 1814, avait obtenu 60 kilogr.;
M. Amans Carrier, en 1827, 42 kilogr. 250; en
1828, 49 kilogr. 500; en 1833, 64 kilogr.; M. Camille Beauvais, en 1833, 46 kilogr.; M. Robinet,
en 1838, avec la race blanche de Tours, 51 kilogr.
510, avec le sina d'Annonay, 54 kilogr. 520, avec
le sina de Neuilly, 64 kilogr.; le même, en 1839,
avec la race sina, 70 kilogr.; madame Millet Robinet, en 1838, avec les sinas, 64 kilogr., avec la
rousse de Sauves, 70 kilogr. Nous ne pensons pas
que ce dernier chiffre ait été dépassé; mais nous
pensons qu'on peut adopter comme une bonne
moyenne générale, dans les magnaneries bien diri-
gées, le produit de 50 kilogr. par once.

Reste à déterminer le prix auquel pourront se
vendre les cocons. Les prix moyens des cocons des
Cévennes, sur le marché d'Alais, a été le suivant,
de 1823 à 1842 inclus, par kilogramme :

1823.	3f 55c	1833.	3f 97c
1824.	3 67	1834.	5 72
1825.	4 45	1835.	4 »
1826.	4 09	1836.	5 06
1827.	3 55	1837.	4 33
1828.	3 85	1838.	5 48
1829.	3 67	1839.	4 27
1830.	3 91	1840.	4 45
1831.	2 95	1841.	3 86
1832.	2 83	1842.	4 27

soit en moyenne, 4 fr. 095 c. le kilogramme. Cette
année (1873), ils se sont vendus au cours moyen de

7 fr. le kilogr. Supposant toujours la maladie dispa-
rue, nous les évaluerons à 5 fr. 50 c. le kilogramme.
Rassemblons donc les éléments de recettes, nous
trouverons :

Valeur des litières égale à la dépense en chauffage.	160ᶠ
Cocons, 500 kilos à 5 fr. 50 c. l'un.	2.750
Total des recettes.	2.910

Le montant des dépenses ne s'élevant qu'à 1,872 fr.
50 c., il en ressort un bénéfice à peu près net de
1,037 fr. 50 c. pour un élevage de 10 onces, soit
103 fr. 75 c. par once.

Ces chiffres ne concordent point, cela se comprend, avec ceux fournis à des époques antérieures ;
quelques-uns de ces calculs ont négligé plusieurs
éléments de dépenses, et, d'ailleurs, les prix ont
changé depuis lors, et nous avons dû les évaluer au
futur.

Un sériciculteur connu, M. Henri Bourdon, évaluait ainsi, en 1837, les résultats de l'éducation de
10 onces de graine :

FRAIS. 20 journées d'hommes à 2 francs.	40ᶠ
156 journées de femmes à 1 fr. 25 c. . . .	195
30 journées d'enfants à 1 franc.	30
7,500 kilos de feuilles à 4 francs pour 100.	300
Frais de mobilier, éclairage, chauffage, etc.	250
Total des frais. . . .	815
PRODUITS. 500 kilos cocons à 3 fr. 25.	1.625
Bénéfice.	810

ou 81 fr. par once. A dix ans d'intervalle, en 1848,
M. Robinet donnait les évaluations suivantes, que
nous appliquons de même à l'élevage de 10 onces :

10 onces de graine à 4 francs.	50ᶠ
10,000 kilos de feuilles sur l'arbre à 4 fr. p. 100.	400
200 journées pour cueillette de la feuille à 1 franc.	200
400 journées d'ouvrières dans l'atelier, à 1 franc. .	400
Chauffage.	100
Éclairage.	30
Rameaux.	50
Total des frais.	1.230

Si le produit s'élève à 60 kilos de cocons par once,
et que leur prix de vente soit de 4 francs, nous aurons 600 kilos à 4 francs, soit. 2.400

Le bénéfice serait donc de. 1.170

ou de 117 fr. par once de graine. Mais nous ferons
remarquer qu'il n'est pas question de la magnanerie, de son mobilier et de leur loyer par conséquent.

On s'explique facilement, par ces importants produits obtenus en l'espace d'un mois, avec un capital relativement peu élevé, souvent par les seuls
soins de la famille et sans capital aucun, le développement qu'avait pris la sériciculture en France
avant l'apparition de la maladie. C'est cette industrie
qui avait créé en partie la prospérité de nos Cévennes; son abandon forcé en 1850 les a de nouveau
ruinées. Mais tout espoir n'est pas perdu, et si l'on
veut suivre les données de la science, et profiter de
la triste expérience acquise dans ces derniers temps,
les beaux jours de cette industrie doivent prochai-
nement renaître.

TROISIÈME PARTIE

ÉTUDE TECHNIQUE, TRAITEMENT ET COMMERCE DE LA SOIE

Les agriculteurs français, producteurs d'une infinie variété de matières premières qu'ils livrent à l'industrie, nous ont toujours paru trop peu soucieux des manipulations ultérieures que devaient subir leurs produits dans les usines. Il nous semble pourtant qu'ils y pourraient puiser d'utiles renseignements sur les qualités diverses que doivent présenter ces produits pour obtenir le plus haut prix sur le marché. Et souvent il suffit, pour y parvenir, d'adopter certaines races ou variétés, d'employer certains engrais ou aliments, de modifier légèrement l'hygiène, de perfectionner les moyens de récolte, etc. Les producteurs, en un mot, ont presque toujours intérêt, autant que le sol et le climat le leur permettent, à viser au *desideratum* des industriels qui emploient leurs produits. C'est pourquoi nous avons cru utile d'indiquer ici, bien que sommairement, le traitement des soies et les diverses conditions les plus favorables qu'elles doivent remplir à cet égard.

CHAPITRE XI.

ÉTUDE DE LA SOIE.

La soie, produit de sécrétion de notre séricaire du mûrier, vulgairement appelé ver à soie, présente des propriétés chimiques et physiques intéressantes à étudier pour le producteur et le manufacturier.

§ 1er. — PROPRIÉTÉS CHIMIQUES.

Élémentairement, la soie présente à l'analyse chimique la composition suivante :

Carbone.	50.69	
Oxygène.	34.04	100.00
Hydrogène..	3.94	
Azote.	11.33	

Le brin de la soie, au moment où il est expulsé de la filière du bombyx, se trouve extérieurement enduit d'une matière grasse, cireuse, sorte de vernis appelé grèz, grès, gluten, gomme, qui paraît évidemment destiné à préserver le brin de soie, et par conséquent le cocon, de l'influence de l'humidité, dans le mode normal d'existence de l'insecte sauvage. D'après M. Roard, il serait composé d'une matière azotée soluble dans l'eau, d'une matière azotée insoluble, d'une matière grasse analogue à la

cire, d'une huile volatile odorante, enfin d'une matière colorante jaune quand la soie est de cette couleur. Il est probable que la matière azotée soluble
dans l'eau, indiquée par Roard, est une matière
extractive dont M. Robinet a trouvé la proportion
de 44 pour 100 seulement. Le grèz est insoluble
dans l'eau chaude aussi bien que dans l'eau froide,
tout au plus l'action prolongée de la première, ou
son élévation à 80° cent. au moins, peuvent-elles le
ramollir un peu. Il n'en est pas de même de l'eau
alcaline; contenant un trente-deuxième de sous-
carbonate de soude, elle a dissous 20.4 pour 100 du
poids total de la soie, mais en proportions variables
suivant les races, les variétés, la couleur de la soie,
le régime auquel avaient été soumis les vers, et dans
les limites extrêmes de 17.7 à 23.3.

Toutes les soies, en effet, ne contiennent pas la
même proportion de grèz, ce qui ne laisse pas que
d'avoir une notable importance pour le grand industriel. M. Robinet a constaté que diverses races élevées dans des conditions identiques en contenaient
les proportions suivantes :

RACES BLANCHES.		
Syriens..	25.0	pour 100.
Fossombrone blanc. . .	27.4	
Espagnolet blanc. . . .	26.7	—
Tigrés..	22.2	—
Sina..	25.4	—
Moyenne. . . .	25.3	—

12

RACES JAUNES.	Loudun.	23.8 pour 100.
	Fossombrone jaune.. .	25.8 —
	Giali.	26.0 —
	Loudun.	27.2 —
	Pesaro.	26.0 —
	Dandolo.	24.0 —
	Cora..	25.8 —
	Vigevano.	25.8 —
	Jaune d'or..	27.7 —
	Jaune de soufre. . . .	26.4 —
	Loriol.	27.4 —
	Saint-Jean.	26.0 —
	Annonay..	25.4 —
	La Mastre.	27.2 —
	Aubenas.	25.2 —
	Trevoltini.	25.6 —
	Espagnolet de Tours. .	27.4 —
	Trois mues jaunes. . .	24.8 —
	Moyenne. . . .	25.9 —

Ainsi, la moyenne serait de 25.3 pour les races blanches et de 25.9 pour les jaunes, différence peu appréciable dans l'ensemble ; mais dans le détail, il est frappant que le minimum soit de 22.2 (race tigrée), et le maximum de 27.7 (race jaune d'or). La grosseur ou la finesse du brin jaune ne paraissent avoir aucune influence à cet égard. La variété à laquelle appartenaient les mûriers qui ont nourri les vers, la région où les insectes ont été élevés, midi ou centre de la France, ne paraissent pas non plus avoir d'effet notable.

« La soie, débarrassée de son vernis, diffère chimiquement de la laine, parce qu'elle ne contient pas de soufre, et du coton, du chanvre et du lin, parce qu'elle est azotée. Elle est insoluble dans l'eau, l'esprit-de-vin, les acides et les alcalis faibles. Mais elle est attaquée profondément par les acides concentrés et par les alcalis caustiques, qui la dissolvent en grande partie. Plongée humide dans le gaz sulfureux; elle blanchit d'abord, finit par jaunir, et s'altère. Le chlore l'attaque aussi avec énergie. Exposée au feu, elle se fond, noircit, se boursoufle, répand une odeur empyreumatique, et laisse un charbon difficile à réduire en cendres. Elle s'unit à un grand nombre d'oxydes métalliques et de sels. Elle prend généralement les matières colorantes organiques mieux que le lin et le coton, mais moins bien que la laine ; elle s'unit avec moins de force aux couleurs métalliques que les tissus végétaux. Comme sa texture est moins serrée que celle de la laine, elle se laisse pénétrer plus facilement par les principes colorants, qui ne se fixent réellement qu'à la surface de cette dernière. » (GIRARDIN, *Chimie*.)

Ajoutons enfin que, dans son état normal, la soie contient en moyenne de 10 à 11 pour 100 d'eau hygrométrique, dont la dessiccation à l'air ambiant ne peut lui enlever qu'environ 5 pour 100, et dont les 5 à 6 pour 100 restants s'évaporent à une température de 135° cent. Nous verrons un peu plus loin que la soie normale peut, en outre, absorber encore dans l'atmosphère de 20 à 24 pour 100 d'humidité, tandis que la même soie, quand elle aura été cuite, débarrassée conséquemment de son grèz, n'en absorbera plus que de 17 à 18 pour 100 en moyenne.

§ 2. — Propriétés physiques.

Au moment de sa sécrétion, le fil de soie produit par deux glandes latérales, dont les deux canaux excréteurs viennent aboutir un peu en avant de la base de la filière, reçoit le grèz produit par une autre petite glande spéciale ; ce vernis agglutine ensemble les deux fils, et les réunit en un brin unique. En examinant ce brin au microscope, on peut se convaincre de la réalité de ce mode de production, puisqu'on aperçoit sur chaque face le sillon longitudinal qui indique le point de suture, et que quelquefois même on découvre des points, très-bornés, sur lesquels cette suture ayant manqué, les deux fils présentent de légers intervalles où l'on peut loger la pointe d'une fine aiguille.

Le brin de la soie n'est pas régulier dans son diamètre ni sa contexture, il est presque toujours sensiblement aplati sur deux de ses faces correspondantes, et les deux fils qui le composent sont loin de présenter les mêmes dimensions régulières, soit en largeur, soit en épaisseur. Extérieurement, le brin présente de légères aspérités, qui sont inhérentes à sa nature et de la même substance.

Lorsqu'on décreuse ou cuit la soie dans une lessive alcaline, le grèz, se dissolvant, détruit l'agrégation des deux fils, et chaque brin se divise alors en deux.

Beaucoup plus fine que les autres textiles végétaux (coton, lin, chanvre, jute, etc.), et animaux (laine, poil, duvet), la soie ne présente guère, en moyenne, qu'un diamètre de un quatre-vingt millième de millimètre. Le diamètre du brin diminue, en outre, à mesure qu'on se rapproche du centre du cocon, c'est-à-dire, qu'en commençant son cocon, le ver file plus gros qu'en le finissant. Cette différence est quelquefois de moitié, d'autres fois elle est peu sensible; chaque brin est transparent et agit d'une manière remarquable sur la lumière polarisée; la réunion des deux fils parallèlement accolés qui le composent lui donnent une forme générale aplatie, et sa largeur moyenne est de $0^{mm},007$ à $0^{mm},015$ environ sur une épaisseur de beaucoup près de moitié moindre. Jamais on n'y trouve de canal central. Ses filaments cassent net sans qu'on puisse découvrir dans leur cassure de fibrilles élémentaires. (Charles Robin.)

Le diamètre du brin peut varier avec le climat sous lequel a eu lieu l'élevage, selon la race qui a produit le cocon, suivant l'alimentation fournie au ver, suivant le diamètre du cocon lui-même.

Disons d'abord que la soie est un peu plus lourde que l'eau et que sa densité est égale à 1,367; que le poids d'une certaine longueur donnée de brins de soie constitue ce qu'on appelle le titre de cette soie; à longueurs égales, plus le titre est élevé, plus cela signifie que la soie est grosse et dense.

Or, on a remarqué que : les soies produites dans le Nord sont généralement plus fines que celles obtenues dans le Midi; les soies produites par des vers alimentés dans une atmosphère humide ou avec de la feuille mouillée offrent un titre plus élevé que celles obtenues dans des conditions opposées; les

12.

soies provenant de vers d'éducation automnale sont constamment plus fines que celles des éducations de printemps, dans la proportion des titres 794 pour les premières et 887 pour les secondes, soit une différence de 93 milligrammes pour une longueur de 500 mètres de brin; à volume égal du cocon, les races jaunes semblent donner un brin plus fin que les races blanches; le mûrier dont les feuilles constituent l'aliment le plus nutritif est aussi celui qui donne relativement les plus gros vers, les plus gros cocons et la soie la plus grosse, et dans ses expériences, M. Robinet a trouvé que c'était la variété de mûrier rose, tandis que celle dite multicaule fournit la soie la plus fine; enfin, dans les cocons d'une même race et d'une même éducation, la grosseur du brin est en rapport constant avec le volume du cocon [1].

Quant à la longueur du fil qui compose chaque cocon, on l'a très-diversement évaluée : Isnard l'estimait de 8,000^m, l'abbé Rozier de 4,000^m, Malpighi de 364^m, Lionnet de 233 à 300^m, Pittaro de 300 à 333^m, miss Rodes de 404^m; M. Robinet s'est assuré que certains gros cocons fournissent un fil dévidable de plus de 1,250^m, on en a même trouvé de 1,450 et 1,500^m de long; mais la moyenne n'est guère que d'environ 900^m.

On appelle ténacité d'un fil la résistance qu'il oppose à la rupture lorsqu'il est étiré dans le sens

---

[1] Les ouvrages de M. Robinet : *Mûrier*, — *Magnaneries*, — *Éducation des vers à soie*, — *Production et traitement de la soie, muscardine*, etc. — 9 vol. in-8°. — Librairie A. Goin, 62, rue des Écoles, Paris.

de sa longueur. Dans diverses expériences fort intéressantes, M. Robinet a trouvé que pour faire
rompre les fils réunis de six cocons de diverses longueurs et provenant de différentes races, il a fallu
les poids suivants :

1° Fils de 0^m,50 de longueur. . . . .   37^{gr} 94
2° Fils de 0^m,50 de longueur. 41 02
3° Fils de 1 mètre de longueur. 37 00
4° Fils de 1 mètre de longueur. 42 00
5° Fils de 1 mètre de longueur. 51 06
6° Fils de 2 mètres de longueur. 36 00

Il conclut que la ténacité de la soie est la même
dans des fils de différentes longueurs, et que les différences doivent être attribuées à la difficulté d'avoir
toujours des fils sans défauts. Il s'est, en outre, assuré
que l'humidité diminuait la ténacité dans la proportion de 48.5 pour la soie sèche, à 38.0 pour la soie
humide. Enfin, il s'est assuré que le climat ne paraît pas avoir d'influence appréciable sur la ténacité
de la soie qu'il a produite ; il en est de même du
régime sec ou humide et de l'alimentation à la feuille
mouillée auxquels ont été soumis les vers, de même
aussi de l'année en opérant sur les mêmes races et
dans des conditions semblables ; de même encore
quant à la saison, éducation de printemps ou d'automne ; les variétés de mûriers sauvageon et rose
paraissent produire des soies plus tenaces que celles
moretti et multicaule.

On appelle ductilité la propriété que possède un
fil de s'allonger sous l'influence d'une traction. Opé-

rant sur des soies normales, M. Robinet a constaté
que l'élongation que pouvait supporter un brin de
soie était en moyenne de 12.5 pour 100 :

Un brin de 0^m,50 de longueur s'est allongé de.   11.4 pour 100.
Un brin de 1 mètre de longueur. . . . . .   12.5   —
Un brin de 2 mètres de longueur.   13,5   —

L'allongement est donc presque proportionnellement
le même, quelle que soit la longueur du brin ; mais
il se manifeste plus promptement dans un fil long
que dans un fil court. La race paraît avoir dans certains cas une influence notable sur cette qualité de
la soie, comme le prouvent les chiffres suivants :

	BRINS DE 0^m,50. pour 100.	BRINS DE 1^m pour 100.
Race commune.	10.87	13.22
Blanc de Tours.	11.4	12.0
Sina.	12.2	15.1
Blanc de Tours élevé en plein air. .	16.8	17.0
Rousse de Sauves.	15.9	14.7
Trois mues.	15.9	12.9
Moyennes.	13.83	14.15

On sait que l'humidité augmente la ductilité de la
soie, c'est-à-dire que la soie produite par des vers
entretenus en magnanerie humide, est plus ductile
que celle qui provient des éducations sèches ou
normales.

On entend par élasticité la faculté dont est doué
un fil de tendre à revenir vers sa longueur primitive
après qu'il a subi une élongation. M. Robinet a
trouvé que des brins de soie de 1 mètre de longueur,

après avoir été allongés de 10 centimètres, se rac-
courcissaient ensuite, en moyenne, de 51 pour 100,
soit 0^m,051, savoir :

Grége jaune d'Alais.	0^m 045
Rousse de Sauves.	0 047
Sina.	0 048
Grége blanche de Ganges.	0 048
Trois mues jaunes.	0 048
Grége jaune d'Alais.	0 049
Sina d'Annonay.	0 049
Tours, élevée en plein air.	0 050
Blanche de Tours, éducation normale.	0 050
Grége blanche d'Alais.	0 051
Grége jaune d'Espagne.	0 078

Si nous négligeons la dernière, soie d'Espagne très-
grossière qu'on ne fait allonger que de 0^m,05, nous
trouvons pour moyenne des autres 48.5 pour 100.
Dans l'industrie, on évalue en moyenne à 50 pour 100
la ductilité des soies.

On entend par hygroscopicité la faculté dont est
douée la soie d'absorber l'humidité de l'air dans lequel elle est plongée. MM. Talabot ont expérimen-
talement déterminé que des soies gréges conservées
en lieu sec contiennent à l'état normal, en moyenne,
10.27 pour 100 d'eau ; les mêmes soies normales,
placées dans un endroit humide, peuvent encore absorber en moyenne 11.73 pour 100 d'eau, en sorte
qu'alors une balle de 100 kilogr. de soie grége arri-
verait à peser 112 kilogr., tout en continuant à ne
fournir que 78 kilogr. de soie réelle. La soie cuite,
c'est-à-dire débarrassée de son grèz est moins hygrométrique que la soie écrue ou grége, et que les

soies teintes sur cru. Les soies de diverses races de
vers diffèrent peu entre elles au point de vue hygrométrique.

On comprend que cette propriété dont la soie est
douée à un si haut degré, peut donner lieu à de cou-
pables et importantes fraudes dans le commerce de
la matière première aussi bien que dans la fabrication des tissus. C'est pour remédier à ces pratiques
frauduleuses qu'on a établi dans les principaux
centres d'industrie des soieries des établissements
spéciaux chargés de contrôler, de vérifier, sur la
demande des intéressés, la condition des soies gréges
livrées après vente et des tissus rendus après tissage.
Ces établissements portent les noms de condition ou
conditionnement des soies. Le premier fut fondé à
Turin en 1750; celui de Lyon fut établi par un dé-
cret du 25 germinal an XIII; depuis lors, Saint-
Étienne, Saint-Chamond, Nimes, Lavaur, Avignon, etc., en furent successivement dotées. En
1855, le seul établissement des conditions publiques de soie, à Lyon, avait à examiner 39,251 balles,
pesant 3,044,312 kilogr.

§ 3. — Qualités industrielles des soies.

Nous venons de voir quelles sont les propriétés
physiques et chimiques de la soie. Le lecteur a pu
facilement conclure que la bonne soie doit être d'une
finesse variable suivant l'usage auquel on la destine;
tenace, c'est-à-dire résistante en proportion de sa

finesse ; extensible, mais élastique en même temps. Ajoutons que la couleur d'un blanc pur lui donne un prix supérieur, parce qu'elle peut recevoir à la teinture des couleurs plus claires et plus pures.

Nous avons vu que le producteur, au moment du déramage, devait opérer un premier triage des cocons, mettant à part ceux qui sont parfaits de forme, de grain, de couleur ; ceux qui sont doubles (doupions), ceux qui sont tachés (chiques). Tantôt la vente s'opère en ce moment et avant débourrage, tantôt c'est l'éducateur qui exécute cette opération, qu'accompagne un second triage définitif.

Les filateurs qui achètent une récolte entière lui font subir un triage industriel, dans lequel on distingue neuf qualités différentes :

1° Les cocons de bonne qualité, qui sont sains, de forme régulière, à grain serré, moyens plutôt que gros, blancs plutôt que jaunes ;

2° Les cocons pointus, moins riches en soie, plus difficiles à dévider, parce que le brin est cassant et irrégulier à l'extrémité aiguë du cocon ;

3° Les cocalons, cocons très-gros relativement à ceux de même race, à grain lâche, peu riches en soie malgré leur volume, et qui doivent être isolément dévidés à une température moins élevée ;

4° Les doupions ou cocons doubles, dont le fil souvent entrelacé rend le dévidage très-difficile, souvent même impossible ;

5° Les soufflons ou cocons de formes irrégulières, à coque mince, peu soyeuse, à contexture lâche, presque impossibles à dévider ;

6° Les cocons percés ou perforés, ceux dans lesquels un étouffage tardif a permis au papillon d'éclore, et qui sont également impossibles à dévider d'après les pratiques ordinaires, bien que la soie n'en soit pas coupée;

7° Les bonnes choquettes ou cocons dans lesquels le ver est mort avant d'avoir achevé son travail; la soie est aussi fine mais moins abondante, moins

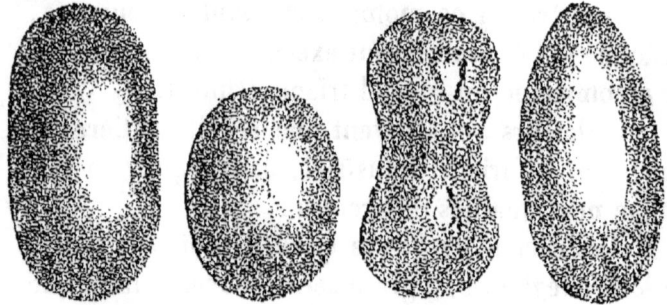

Fig. 31.

| Cocon cylindrique | Cocon sphérique | Cocon étranglé | Cocon pointu |
| (Roquemaure). | (Loriol). | (Turin). | (Loudun). |

tenace et plus terne que dans ceux parfaits de même race. On les reconnaît à ce que le cocon ne rend aucun son quand on l'agite, le ver étant resté adhérent à la coque interne. On les dévide isolément, parce qu'ils s'embrouillent parfois;

8° Les mauvaises choquettes ou chiques, cocons défectueux, tachés ou gâtés, qui ne donnent qu'une soie terne et brunâtre;

9° Les cocons calcinés dans lesquels le ver est mort après avoir accompli son travail, et se durcit sans se changer en chrysalide (cocons confits) ou se délite en une poussière blanche.

Quant à la bourre ou matière soyeuse qui enveloppe le cocon et a servi à l'insecte à fixer son enveloppe entre les rames, elle ne peut se dévider, mais se carde et se file. On y réunit sous le même nom la soie extraite des cocons percés, des doupions qui n'ont pu se dévider, et enfin les déchets qui se sont produits pendant les deux opérations du dévidage des bons cocons et du moulinage de la soie. Ces diverses sortes de bourre réunies, cardées, puis filées, sont employées à la fabrication d'étoffes appelées bourre de soie ou fantaisie, de certaines passementeries, etc. La bourre qui enveloppe le cocon est à la coque de celui-ci dans les rapports de poids de un dix-huitième à un vingtième, c'est-à-dire que 100 kilogr. de cocons en bourre ne fourniront qu'environ 95 kilogr. à la vente.

Il n'est pas jusqu'à la coque soyeuse restant après le dévidage du fil, que l'industrie ne soit parvenue à utiliser fructueusement. Après d'assez longues macérations dans une eau légèrement alcaline, entrecoupées par de puissants pressages, on parvient à dissoudre et expulser toute la matière gommeuse; on sèche, on bat, on carde à plusieurs reprises, puis on file la bourre obtenue, dont on fabrique des étoffes légères et communes, dites brocatelles, satinades, etc.

Il y a mieux encore; mettant à profit, il y a quelques années, la propriété dont sont doués l'ammoniure de cuivre et le chlorure de zinc, de dis-

13

soudre la soie, on a cherché à imiter les procédés
de la nature en liquéfiant la soie, qui se dessèche-
rait par évaporation, et pourrait être coulée en cuirs
souples, légers, tenaces et imperméables ; ou à la filer
sous l'état demi-fluide de la soie du ver à l'aide de
filières artificielles disposées comme celles de l'insecte. On utiliserait ainsi, non-seulement les diverses
sortes de bourres, mais aussi la soie d'effilochage
des vêtements hors d'usage.

CHAPITRE XII.

VENTE ET COMMERCE DE LA SOIE.

Le fléau qui pèse depuis vingt ans sur la sériciculture européenne a sensiblement modifié les conditions du marché. Le fléau se calme, mais n'a point encore disparu. Nous ne pouvons prévoir la situation que fera l'avenir à cette riche industrie ; force nous sera donc de nous renseigner sur le passé dont les valeurs devront être accrues proportionnellement à l'augmentation de la main-d'œuvre, du combustible, des instruments, des loyers, etc.

§ 1er. — VENTE DE LA SOIE.

Dans quelques contrées séricicoles encore privées de filatures centrales, l'éducateur est presque toujours obligé de faire filer lui-même ses cocons. Il peut alors filer aussitôt après le déramage et avant l'éclosion qui aurait infailliblement lieu de dix à vingt jours après l'achèvement du cocon, suivant le climat. Mais faute d'instruments perfectionnés et d'ouvrières suffisamment exercées, il n'obtient presque toujours qu'un produit plus faible en poids, moins régulier de finesse, d'une valeur, en un mot, moins élevée.

Là où l'industrie est depuis longtemps organisée, l'éleveur a plus d'avantages à vendre ses cocons bruts après simple débourrage; il vend alors soit ensemble, soit isolément, au même ou à différents industriels et les cocons et la bourre. Les ventes peuvent se faire à livrer à époque fixe ou indéterminée, au cours actuel ou à celui de la livraison, ou en livrant au cours actuel ou à tout autre prix débattu. Mais il faut se rappeler que les cocons, à partir du déramage, perdent en poids près de 1 pour 100 par jour, et il en ressort l'avantage le plus favorable à une vente immédiate. A moins de crise industrielle, d'ailleurs, le filateur y trouve de son côté ce profit qu'il peut ainsi échelonner ses achats et ses payements, éviter l'encombrement et commencer plus tôt sa campagne.

Vers l'époque où se terminent les éducations d'une contrée, il s'y établit sur les principaux marchés un cours que dominent les proportions entre les besoins et la récolte, l'offre et la demande. Ces cours s'établissent, bien entendu, pour les diverses qualités mises en vente. Les ventes se font d'ordinaire sur échantillon de cocons débourrés et triés provisoirement. Le transport des cocons par chemins de fer est aujourd'hui beaucoup moins coûteux, et donne lieu à beaucoup moins de pertes que celui d'autrefois par roulage ou par diligences.

§ 2. — Du prix moyen de vente des cocons, soies gréges, bourres, etc.

Ici encore il nous faut rappeler que nous ne saurions calculer sur les chiffres qu'a déterminés la pébrine depuis son apparition, le fléau pouvant, dans certains cas, réduire la récolte dans des proportions considérables. Force nous est donc de prendre pour base les chiffres des années antérieures, qui devront être augmentés pour l'avenir dans des proportions impossibles à déterminer en ce moment, mais relatives à l'augmentation générale des denrées et de la main-d'œuvre.

Le tableau suivant indique le prix du kilogramme de cocons et des soies gréges filées à Alais, et pour la France, au cours moyen :

ANNÉES.	PRIX DU KILOG. DE COCONS			PRIX DU KILOG. DE SOIE GRÉGE FILÉE.
	ALAIS.	PARIS.	FRANCE.	FRANCE.
1810.	»	»	3ᶠ 45	45ᶠ 12
1811.	»	»	2 60	38 37
1812.	»	»	2 95	39 04
1813.	»	»	2 60	36 64
1814.	»	»	3 28	43 84
1815.	»	»	3 43	54 03
1816.	»	»	4 37	59 99
1817.	»	»	5 45	71 52
1818.	»	»	6 03	77 70
1819.	»	»	4 18	57 23
1820.	»	»	3 43	46 14
1821.	»	»	3 47	46 31
1822.	»	»	4 04	55 31

ANNÉES.	PRIX DU KILOG. DE COCONS			PRIX DU KILOG DE SOIE GRÉGE FILÉE FRANCE.
	ALAIS.	PARIS.	FRANCE.	
1823.	3f 55	»	3 40	44 89
1824.	3 67	»	3 00	44 09
1825.	4 45	»	3 63	49 48
1826.	4 09	»	3 60	49 44
1827.	3 55	»	3 09	44 12
1828.	3 85	»	3 30	45 40
1829.	3 67	»	3 24	45 92
1830.	3 91	»	3 15	43 10
1831.	2 95	»	2 68	39 57
1832.	2 83	2 85	2 66	40 58
1833.	3 97	4 »	3 18	48 40
1834.	5 72	5 75	4 12	61 03
1835.	4 »	4 »	3 82	58 64
1836.	5 06	5 08	»	»
1837.	4 33	4 35	»	»
1838.	5 48	5 50	»	»
1839.	4 27	4 30	»	»
1840.	4 45	4 48	»	»
1841.	3 86	3 90	»	»
1842.	4 27	»	»	»

Ainsi, le prix moyen du kilogr. de cocons, de
1823 à 1842, à Alais, fut de 4 fr. 09.5 ; à Paris, de
1832 à 1841, de 4 fr. 42.1 ; pour la France, de
1810 à 1835, de 3 fr. 54 c. Quant aux soies gréges
filées, leur prix moyen en France, de 1810 à 1835,
s'est élevé à 49 fr. 46 c. Ces prix se sont beaucoup
élevés depuis lors, et surtout depuis l'apparition de
la Pébrine. On en jugera par les chiffres fournis par
le rapport de M. Dumas, et où nous relevons le
prix moyen du kilogramme de cocons en France :

1760 à 1780.	2f 50	1856 (Pébrine).	7f 60
1781 à 1800.	2 90	1857 —	7 60
1801 à 1820.	3 56	1858.	5 25
1821 à 1840.	3 90	1859.	7 »
1841 à 1852.	3 80	1860.	7 25
1850.	5 »	1861.	6 25
1851.	5 »	1862.	6 25
1852.	5 »	1863.	4 50
1853 (Pébrine). . . .	4 50	1864.	6 »
1854 —	4 65	1865.	8 »
1855 —	5 »	1866.	5 »

Cette année (1873), le prix moyen du kilogramme de cocons est d'environ 6 fr. 50 c., celui de la bourre filée de 12 fr., enfin celui des soies gréges filées de 115 fr. Il faut en moyenne, en bonne filature, 12 kilogr. 500 de cocons pour fournir 1 kilogr. de soie grége, soit un huitième. Ainsi, quand le prix des cocons est à 3 fr. 54 c., et le prix de la soie grége à 49 fr. 46 c., il n'y a pour le filateur qu'une marge de 5 fr. 21 c. ou 11.75 pour 100 par kilogramme de soie grége. Lorsque le prix des cocons est comme actuellement de 6 fr. 50 c., et celui des gréges de 115 fr., l'écart n'est que de 33 fr. 75 c. ou 30 pour 100, pour loyer, mobilier, instruments, combustibles, frais généraux, intérêts et bénéfice industriel.

CHAPITRE XIII.

TRAITEMENT INDUSTRIEL DES SOIES.

Les soies livrées à l'industrie subissent un assez grand nombre de manipulations successives et variables, suivant l'emploi auquel elles doivent être appliquées. Ce sont : le tirage ou filature, la cuisson ou cuite, la teinture et le tissage, dont plusieurs sont très complexes et subdivisées en un assez grand nombre d'opérations, que nous allons décrire aussi succinctement que possible.

La soie du cocon a été filée par le ver; c'est donc improprement qu'on a donné le nom de filature à l'action de dévider ce fil, et de le préparer à l'emploi industriel; le mot de tirage ou celui de moulinage nous paraissent, en conséquence, préférables. Cette opération comprend deux temps; dans le premier, on prépare le cocon de manière à rendre plus facile, plus prompte et plus complète l'extraction du fil qui le recouvre; dans le second, on dévide ce fil en réunissant les uns aux autres les brins d'un nombre variable de cocons, de façon à constituer des écheveaux d'un certain poids de soie grége.

Pour préparer les cocons au moulinage, on plonge un certain nombre de cocons débourrés, étouffés et triés, dans une bassine placée sur un fourneau et contenant de l'eau chaude. Le résultat à atteindre est de ramollir le grès du fil d'abord, puis de souder ensuite les divers brins qu'on veut réunir; il est rempli par l'eau que l'on chauffe d'abord à 80° ou 90° cent. La bassine est en cuivre étamé; son diamètre est de 0^m,50 environ et sa profondeur de 7 à 0^m,08; elle peut se vider par un robinet placé latéralement au niveau de son fond. Chacune de ces bassines est surveillée et dirigée par une ouvrière qu'on appelle fileuse.

Supposons l'opération à son début : l'eau étant parvenue à la température voulue, la fileuse y jette un nombre de cocons variable et en rapport avec le diamètre du brin qu'elle doit former, de une à deux poignées; elle les fait plonger et tremper dans l'eau à l'aide d'une écumoire ou d'une palette de bois. C'est ce que l'on nomme la *cuite* des cocons. Aussitôt que les cocons sont cuits, c'est-à-dire dès qu'ils ont changé de couleur, la fileuse remplace l'écumoire par le balai pour procéder au *battage*. Le balai est formé de la collection d'un certain nombre de brindilles de bois de bouleau liées par l'une des extrémités. La fileuse pose ce balai perpendiculairement au centre de la bassine et le promène circulairement, dans cette position, du centre à la circonférence, de manière à imprimer aux cocons un mouvement de rotation, durant lequel le brin de soie de chacun d'eux, détaché et flottant, se feutrera avec les autres. L'expression de battage est donc ici d'autant plus impropre qu'on ne doit opérer que len-

13.

tement et régulièrement. Au bout d'un certain temps, les fils de la plupart des cocons se sont fixés au balai; on les en détache, on les fixe sur les bords de la bassine desquels on rapproche les cocons qui les ont fournis ; quant aux autres, on continue à les battre jusqu'à ce qu'on ait amené leurs fils, que l'on réunit aux autres.

Quand elle tient ainsi tous les brins de soie ou frisons, la fileuse amène les cocons au centre de la bassine, saisit l'ensemble des brins et les dévide à la main jusqu'à ce qu'elle en ait enlevé la partie la plus grossière et que le fil arrive simple et pur ; c'est la première *purge*. Les fils nets sont fixés à une cheville placée au-dessus de la bassine ; elle s'occupe des cocons relevés provenant d'une précédente opération durant laquelle leur fil s'est rompu, qui se sont détachés ou qui ont été successivement mis à part, parce qu'ils avaient fourni environ la moitié de leur soie. A ce moment, la fileuse doit refroidir l'eau de la bassine jusqu'à 70° cent., y jeter ces cocons relevés sans les mêler avec les cocons neufs disposés sur les bords, battre très-légèrement les premiers, saisir successivement leurs brins et leur faire subir également une *purge*. Commence alors le *tirage*.

En arrière de la bassine et du fourneau qui la supporte est fixé à demeure un dévidoir, asple, guindre ou tour, sur lequel les brins de soie vont s'enrouler en se tordant les uns sur les autres, en s'agglutinant et en se croisant pour former un fil multiple composé d'un nombre variable de fils élémentaires. Cet instrument se compose de croiseurs, de filières, d'un va-et-vient, enfin, d'un dévidoir proprement dit.

Nous venons de voir que la fileuse a maintenant à sa disposition un grand nombre de brins simples de soie. Pour les convertir en soie grége, elle en réunit plusieurs ensemble afin de former un fil multiple plus gros, et par conséquent plus résistant. Le nombre varie de 3 à 4, 5, 6 et parfois plus ; mais comme il s'agit d'obtenir un fil de diamètre aussi régulier que possible, que les cocons neufs fournissent des brins plus gros que les cocons relevés, que d'ailleurs un certain nombre de brins cassent pendant l'opération sans qu'on puisse toujours les rattacher de suite, on désigne les soies comme filées à 3/4, 4/5, 5/6 cocons. Le nombre de brins déterminés sont saisis par l'ouvrière qui les engrène en nombres égaux sur chacune des deux filières, petits disques en fer, ou mieux en verre ou agate, et percés d'un petit trou. A peu de distance de leur sortie des filières, les deux brins subissent la croisure qui produit une compression, et réunit, grâce au grès ramolli qui les recouvre, les 3 à 6 fils ou plus en un seul brin. Les deux fils multiples qui viennent d'être tordus, comprimés l'un contre l'autre, se séparent ensuite pour passer sur un porte-bout qui les écarte ; puis ayant subi une seconde croisure, ils arrivent au va-et-vient qui les dispose en deux écheveaux distincts de $0^m,10$ à $0^m,12$ de largeur sur les traverses du dévidoir. Il arrive parfois que l'un des brins se brise entre la première croisure et le

dévidoir, et se trouve entraîné par les fils qui restent
en se doublant ; c'est ce qu'on nomme un mariage,
cause d'irrégularité dans le fil ; les bons tours sont
munis d'un petit appareil, dit brise-mariage, qui
s'empare du fil double et vient l'enrouler, non sur
les traverses, mais sur l'axe du dévidoir.

Nous savons que le cocon fournit une soie de plus
en plus fine à mesure que son dévidage avance ;
d'un autre côté, si on ne filait ensemble que des
cocons neufs, ils seraient tous épuisés presque simultanément, et il serait presque impossible d'achever
l'écheveau. Aussi, avons-nous vu qu'on dévide ensemble à peu près par moitié des cocons neufs et des
cocons relevés. En outre, on remplace les cocons à
mesure qu'ils sont épuisés, en réunissant adroite-
ment le fil d'un cocon neuf aux autres fils qui vont
passer dans la filière. On agit de même lorsqu'un fil
s'est cassé sans que le cocon soit achevé ; cette manœuvre s'appelle jeter un bout.

Le tour peut être mû à la main, par l'eau ou par
la vapeur. Le dévidoir doit accomplir environ cent
cinquante tours par minute, un peu plus ou un peu
moins, suivant son diamètre. Le volant qui le fait
mouvoir exécute environ quarante tours durant le
même espace de temps.

Le produit de ce dévidage constitue ce que l'on
nomme la *soie grége*. Chacun des deux écheveaux
simultanément obtenu, pèse en moyenne 60 grammes ;
une fileuse habile obtient dans sa journée moyenne
six écheveaux, pesant ensemble de 350 à 400 grammes, suivant la grosseur du fil demandé. A la fin

de chaque journée, la fileuse enlève ses écheveaux du tour, les ploie et les dispose dans des tiroirs où ils attendront l'emballage ou d'autres préparations industrielles.

On appelle *moulinage* une opération qui consiste à reprendre cette soie grége dévidée en écheveaux pour en réunir en un seul un certain nombre de fils qui sont soumis à une nouvelle torsion. Les écheveaux remis sur le tour sont dévidés à nouveau, deux par deux, quelquefois par trois, sur un moulin, sorte de dévidoir muni de croiseurs, qui tord les fils l'un sur l'autre en sens contraire. C'est le *premier apprêt,* auquel succède parfois le *doublage,* qui consiste à reprendre deux, trois ou quatre de ces nouveaux fils avec un moulin à doubler, qui les réunit par deux, trois ou quatre sur des bobines. Reportés alors sur un dernier moulin, ils y subissent un second apprêt ou tordage, ou *organsinage,* qui consiste à rouler les fils les uns sur les autres en les tordant à gauche. Ce fil porte alors le nom d'Organsin, et est surtout employé dans le tissage pour fournir la *chaîne* de l'étoffe. Les soies pour *trames* s'obtiennent en réunissant deux ou trois fils, rarement plus, et en les tordant légèrement ensemble.

Jusqu'à ce moment, et pour faciliter les diverses manipulations mécaniques que nous venons de passer en revue, il était indispensable que la soie conservât une notable partie de son grès. Mais pour la fabrication de certains tissus, il devient utile de le faire en partie dissoudre afin d'assouplir la soie. On y parvient par une opération que l'on nomme cuisson, cuite, débouillissage, *décreusage,* et qui consiste à la faire bouillir durant trois à quatre heures dans de l'eau contenant un tiers environ du poids de la soie en savon. La soie devient, en perdant une notable partie de son grès, plus douce et plus brillante, mais aussi son poids diminue de 20 à 24 pour 100. Elle est alors convertie en soie *cuite,* et employée surtout à la confection des satins, peluches, velours, etc. Les autres soies sont dites crues ou *écrues.*

La soie prend bien, en général, la *teinture.* Les tons clairs pourtant ne conservent leur pureté que sur les soies blanches ou blanchies. Lorsqu'on veut teindre en blanc ou en couleurs claires de la soie jaune, lorsqu'on veut employer une soie à la confection de tissus lustrés ou de satins, il est indispensable de lui faire subir le décreusage, la surabondance du grès nuisant à l'absorption et à la solidité de la couleur. Pour les tissus blancs et de teintes claires, on recherche de préférence les soies blanches dites Sina. Mais si le décreusage fait perdre à la soie de 20 à 25 pour 100 de son poids, la teinture lui en rend souvent une proportion équivalente, surtout si on y ajoute *l'apprêtage* donné au tissu achevé. L'augmentation de poids varie pourtant sensiblement avec la couleur cherchée et la matière employée (de 1 à 30 pour 100); certains noirs peuvent même doubler le poids de la soie.

Toutes les soies qui, après avoir été dévidées du cocon et mises en soie grège, ont subi de nouvelles opérations, prennent le nom de *soies ouvrées*.

Reste à les mettre en œuvre; c'est l'industrie du *tissage* que l'on ne s'attend pas à nous voir décrire ici, et qui comprend, par extension, non-seulement la fabrication des étoffes unies ou façonnées, pures ou mélangées, mais aussi la confection de certains objets de bonneterie et de passementerie, la rubannerie, etc., industries qui ne manquent pas non plus d'une certaine importance.

La production et la mise en œuvre de la soie sont une des principales sources de la fortune publique en France. La production favorisée particulièrement par la douceur du climat, s'est surtout établie dans le sud-est; l'industrie s'est presque forcément rapprochée d'elle. Tandis que la plupart des départements de nos anciennes provinces de Provence, Languedoc, Comtat, Vivarais, etc., produisent les cocons, les villes industrielles de Lyon, Saint-Étienne, Saint-Chamond, Nimes, Avignon, etc, convertissent la soie en ces riches et merveilleuses étoffes que le monde entier nous envie sans pouvoir toujours les imiter.

M. Le Play, en 1839 (*Encyclopédie nouvelle du dix-neuvième siècle*), évaluait aux chiffres suivants, pour l'année 1836, les produits de l'industrie séricicole :

	VALEUR BRUTE.	VALEUR CRÉÉE.
1° Culture du mûrier. . . .	70.200.000ᶠ	70.200.000ᶠ [1]
2° Éducation des vers à soie.	150.000.000	79.800.000
3° Filature de la soie. . . .	184.000.000	34.000.000
4° Moulinage de la soie. . .	226.000.000	30.000.000
5° Blanchiment et teinture. .	269.000.000	16.000.000
6° Tissage, etc.	300.000.000	76.000.000
Total des valeurs créées.		306.000.000

Transportons-nous à une époque un peu plus rapprochée, à 1852, avant l'apparition de la maladie, par conséquent. Nous trouverons les chiffres suivants :

La statistique officielle évalue la valeur des cocons produits à.	55.689.687ᶠ
L'importation nette en soies grèges, bourres, fils, etc., a été de.	70.530.034
L'industrie de la filature ajoutait à nos soies indigènes une valeur de.	11.397.313
Le moulinage, l'orgasinage, le blanchiment, la teinture des soies indigènes et importées, créent une valeur de.	35.275.254
Enfin l'industrie du tissage, dont les produits étaient évalués à 355.685.113 francs, ajoutait aux matières premières ouvrées. . .	182.792.825
Total des valeurs créées. . .	355.685.113

Il sera peut-être bon d'ajouter que le nombre des établissements industriels occupés à la transformation de la soie était alors de 1.459, possédant une valeur locative annuelle de 1,029,428 fr., payant

[1] Le mûrier ne donnant de produit que par l'éducation du ver, ce chiffre nous paraît devoir être retranché comme étant reproduit dans le suivant.

165,875 fr. de patentes, occupant 165,115 ouvriers travaillant sur 88,864 métiers, munis de 7,440 broches et mus, les uns par 145 moteurs à vapeur, les autres par l'eau ou les bras. L'industrie des soies se place, en France, au troisième rang de nos industries textiles, après celle de la laine, et presque sur la même ligne que celle du coton.

CHAPITRE XIV.

PRODUCTION, CONSOMMATION, COMMERCE DES SOIES ET SOIERIES.

La production et l'ouvraison de la soie donnent lieu à un commerce assez multiple de la France avec les autres contrées du globe, tant pour les graines que pour les cocons, les soies grèges, filées, moulinées, et les tissus. Ce sont ces diverses branches de l'industrie séricicole dont nous allons chercher à indiquer les progrès et les ralentissements, afin surtout de démontrer de quels progrès elle redeviendra capable le jour prochain où le fléau qui l'accable aura enfin complétement disparu.

§ 1er. — GRAINE.

Jusqu'à l'apparition de la Pébrine, la plupart des éleveurs s'attachaient à produire eux-mêmes leur graine. Quelques-uns pourtant avaient pris la coutume de renouveler de temps en temps leur race, et s'adressaient dans ce but à l'Italie (Piémont, Lombardie). Cette importation pourtant, qui, de 1846 à 1850 inclus, ne montait par année moyenne qu'à 582 kilogr., s'éleva en 1851 à 8,160 kilogr. et en

1852 à 9,560 kilogr. Dès l'apparition de la Pébrine en France, elle atteint, en 1853, 19,680 kilogr., puis, en 1854, 34,450 kilogr. Mais le fléau atteint l'Italie à son tour, et dès lors il nous faut chercher dans les différentes contrées de l'ancien et du nouveau monde des graines exemptes provisoirement de maladie. On s'adressa successivement à l'Espagne, au Portugal, à la Grèce, à l'Asie Mineure, aux Principautés danubiennes, à la Russie, à la Perse, à la Chine, au Japon et au Chili. Les prix s'élevaient avec la demande, la mauvaise foi profitait des besoins forcés; d'ailleurs, la maladie envahissait successivement tous les centres de production.

L'importation de graines de différentes provenances s'éleva en 1858 à 50,000 kilogr., et l'année suivante à 60,000 kilogr. M. de Quatrefages estime que, de 1854 inclus à 1866 inclus, nous avons importé par année moyenne une valeur de 16,000,000 fr. en graines, soit pour ces treize années une somme de 208 millions. Il estime les 40,000 kilogr. importés par année moyenne durant cette période à 400 fr. le kilogr., le minimum ayant été d'environ 150 fr. et le maximum de 1,000 fr. A ces dépenses, à ces pertes, il faut joindre celles subies depuis cette époque, c'est-à-dire les sept ans écoulés depuis les calculs qui précèdent, et les augmenter d'au moins 50 pour 100, ce qui porte le chiffre à 300 millions au minimum.

§ 2. — LES COCONS.

La production de la France en cocons avait marché rapidement depuis le commencement du siècle, puisque, ainsi que nous l'avons vu (Iᵣᵉ partie, chap. Iᵉʳ), elle s'était élevée de 3,500,000 kilogr. en 1800, à 26,000,000 kilogr. en 1853, d'une valeur de 10 millions de francs à celle de 117. Puis vint l'épidémie ; le produit tomba, de 1856 à 1865 inclus, à une moyenne de 6,910,000 kilogr., d'une valeur de 117, à une autre de 45,260,050 fr. en moyenne. On abandonna sur beaucoup de points la culture du mûrier, une partie des plantations fut même arrachée.

Mais les industriels ne souffraient pas moins que les éleveurs ; les soies indigènes ne pouvaient plus suffire à la fabrication, il fallait utiliser les usines, le mobilier, les capitaux, la main-d'œuvre ; on dut s'adresser à l'étranger. On importa des cocons, des soies gréges, filées, moulinées, des bourres ou douppions. La hausse considérable qui s'était manifestée au début du mal et avait paru devoir se maintenir sinon s'accroître, sur laquelle comptaient les éleveurs pour se dédommager de leurs pertes, ne continua pas. Le prix du kilogramme de cocons qui, de 4 à 5 fr., avait monté d'abord à 11 et 12 fr., redescendit à 8 et 9 fr. Les soies dites d'ordre ou de premières filatures, qui s'étaient élevées de 105 à 110 fr. à 145 et 150 fr., sont redescendues à 115 et 120 fr., par suite des importations de nos industriels.

Mais s'il est aisé de transporter des soies grèges ou moulinées disposées en écheveaux, il n'en est pas de même des cocons, beaucoup plus délicats. Et, comme dans beaucoup de pays producteurs de l'Orient, les procédés de filature sont encore très-défectueux, on entrevoyait un grand avantage à transporter le cocon lui-même pour le faire filer dans les ateliers européens. « Mais comment opérer ce transport? Le cocon est une marchandise bien délicate, et qui exige bien des ménagements ; tout lui est funeste, la compression, la pluie, l'air extérieur. C'est comme un fruit mûr qui ne peut être consommé que sur place. Puis, le ver qu'il renferme ne peut se dissoudre sans altérer son enveloppe et en dégrader le prix. Tels étaient les obstacles; ils ont été vaincus. Les cocons sont devenus transportables sans dépréciation, et voici comment : on les étend sur le sol en couches légères et on les soumet à l'action du soleil. Au moyen de ce traitement, non-seulement les chrysalides périssent asphyxiées comme dans nos fours et nos étouffoirs; mais à la longue elles passent à l'état complet de dessiccation; ce n'est plus une matière animale, mais une poussière inerte. Plus de décomposition à craindre ; par conséquent, plus de souillure pour la soie. Alors, au moyen d'un appareil mécanique, les cocons sont aplatis, pressés comme des figues sèches, et disposés par couches dans des caisses ou dans des ballots. Ils arrivent ainsi à Londres ou à Marseille, d'où ils

sont dirigés sur les filatures pour y être soumis à un
traitement particulier. » (M. Louis Reybaud.)

L'importation de cocons qui jusqu'alors ne s'était
faite que sous leur forme normale, parce qu'ils provenaient de pays voisins, Italie, Espagne, etc.,
s'opéra désormais d'après le procédé que nous venons d'indiquer. Le chiffre de ce commerce, qui ne
s'élevait que de 10 à 20,000 kilogr. par an, de 1820
à 1852, prit un grand développement à partir de
1854; il a été de 1,114,638 kilogr. en 1858; de
1,039,300 kilogr. en 1865; de 1,109,950 kilogr.
en 1866. C'est-à-dire qu'il a passé de 60,000 fr. par
année maxima à 4,500,000 fr. environ.

§ 3. — LES SOIES GRÉGES, ETC.

Antérieurement à la maladie, notre production
moyenne de 20,000,000 kilogr. de cocons nous
fournissait, d'après la statistique officielle de 1852,
1,046,000 kilogr. de soie grége. De 1856 à 1865
inclus, le produit en cocons étant descendu à
6,910,000 kilogr., celui de la soie grége ne dépassa
pas 500,000 kilogr. Il en résultait un déficit annuel
pour nos fabriques de 500,000 kilogr. sur la production indigène. « Lyon s'aperçut un jour qu'il
allait manquer de matière, ou, ce qui revient au
même, la surpayer; il avisa. Ce fut alors qu'on
essaya les soies d'Asie, dont les prix offraient sur
les nôtres une marge très-encourageante. On les

soumit à nos ouvraisons, d'où elles sortirent, imparfaites d'abord, puis meilleures, enfin appropriées à un travail courant. Aucune révolution n'a marché plus vite et n'a plus pleinement réussi. Il est peu de fabricants qui aujourd'hui n'emploient, au moins en mélange, des soies de Bengale ou de Chine, et n'aient à se féliciter de cette opération. On peut dire, sans exagérer, qu'elles entrent pour deux tiers dans le total de la fabrication lyonnaise. » (L. Reynaud.)

Tandis que, de 1810 à 1849, l'importation totale des soies grèges en France ne s'était élevée par année moyenne qu'à 728,800 kilogr., voici quel a été le mouvement d'importation nette (exportation déduite) de cet article de 1850 à 1864 :

ANNÉES.	IMPORTATION NETTE DE GRÉGES.	ANNÉES.	IMPORTATION NETTE DE GRÉGES.
	kilos.		kilos.
1850.	831.000	1858.	1.863.000
1851.	896.000	1859.	1.319.000
1852.	1.611.000	1860.	1.806.000
1853.	1.018.000	1861.	1.778.000
1854.	1.127.000	1862.	2.008.000
1855.	1.159.000	1863.	2.156.000
1856.	1.444.000	1864.	1.796.000
1857.	1.437.000	Moyenne.	1.483.000

Avant 1852, les soies grèges que nous importions provenaient surtout de l'Italie (Sardaigne, Piémont, Lombardie), de l'Espagne et de la Turquie. Depuis lors, on a dû s'adresser successivement à la Turquie, à la Chine, au Japon, au Bengale, etc. L'importation totale, durant la période ci-dessus, a été de 2,387,700 kilogr. par année moyenne, et l'exportation totale de 907,333 kilogr.

§ 4. — LES SOIES MOULINÉES.

Les soies moulinées pour trames ou organsins importées en France, en 1836, ne s'élevaient qu'à 364,549 kilogr., valant, à 75 fr. l'un, 27,300,000 fr. L'exportation par contre n'en montait qu'à 4,538 kil., qui, à 80 fr. l'un, valaient 300,000 fr. L'excédant à l'importation était donc de 360,011 kilogr., valant 27,000,000 fr. La moyenne des importations nettes, de 1810 à 1849, atteignait à peine 500,000 kilogr. par an, valant 40 millions de francs. A partir de 1850 inclus, le mouvement d'importation nette a suivi la progression suivante :

ANNÉES.	IMPORTATION NETTE DE SOIES MOULINÉES.	ANNÉES.	IMPORTATION NETTE DE SOIES MOULINÉES.
	kilos.		kilos.
1850.	583.000	1858.	1.094.000
1851.	546.000	1859.	762.000
1852.	759.000	1860.	767.000
1853.	710.009	1861.	528.000
1854.	826.000	1862.	624.000
1855.	916.000	1863.	778.000
1856.	1.011.000	1864.	883.000
1857.	742.000	Moyenne. . . .	702.000

Pendant ce même laps de temps, l'importation totale s'élevait en moyenne à 1,063,533 kilogr. et l'exportation totale à 296,933 kilogr.

§ 5. — Bourres de soie.

La bourre de soie, composée des déchets du cocon de la filature, du moulinage, etc., et employée dans la fabrication de certains produits à bas prix, soit pure, soit en mélange, a acquis plus d'importance et de valeur depuis l'apparition de la maladie. Son importation en France ne montait, par année moyenne, de 1827 à 1836, qu'à 88,298 kilogr., et de 1837 à 1846, qu'à 157,088 kilogr.; voici le développement qu'elle a pris dans les années postérieures :

ANNÉES.	IMPORTATION NETTE DES BOURRES.	ANNÉES.	IMPORTATION NETTE DES BOURRES.
	kilos.		kilos.
1850.	473.000	1858.	688.000
1851.	489.000	1859.	536.000
1852.	414.000	1860.	659.000
1853.	671.000	1861.	732.000
1854.	657.000	1862.	522.000
1855.	681.000	1863.	634.000
1856.	464.000	1864.	666.000
1857.	326.000	Moyenne.	574.133

La moyenne des importations totales de cette même période a été, par an, de 1,001,333 kilogr., et la moyenne des exportations totales de 427,200 kil.

14

§ 6. — Consommation de la France en soie.

Nous avons vu que la récolte moyenne constatée
en 1852, par la statistique officielle, était de
12,065,542 kilogr. de cocons qui produisaient en :

Soie grége indigène..	1.046.000	kilogr.
L'excédant des soies gréges importées montait à..	1.611.000	—
Celui des soies moulinées à.	759.000	—
Enfin celui des bourres de soie, à. . .	414.000	—
Nos manufactures de soieries ont donc mis en œuvre.	3.830.000	—

L'ensemble de ces matières premières était es-
timé, à la même époque, par la statistique industrielle, à 233,503,810 fr., y compris tous les frais
de fabrication, jusques mais non compris le tissage.

Quant à l'industrie proprement dite du tissage et
de celles voisines qui mettent la soie en œuvre sous
diverses formes, sa production totale est évaluée
par l'enquête industrielle à 406,377,455 fr., c'est-
à-dire qu'elle ajoute encore à la valeur des matières premières ci-dessus une valeur nouvelle de
172.873,645 fr. Ces chiffres ne s'appliquent, bien
entendu, qu'aux tissus de soie pure et non à ceux
dits mélangés. M. J. Reynaud évaluait la production
de nos soieries pour 1855 à 532 millions de francs,
dans lesquels les matières premières entraient pour

355 millions, et les salaires, frais généraux, bénéfices, etc., pour 177 millions.

Sur notre production de 406,377,455 fr. de soieries, en 1852, nous en exportions pour une valeur de 165,000,000 fr., de sorte qu'il restait en soieries pour la consommation intérieure une valeur de 231,000,000 fr., ou 6 fr. 42 c. par habitant.

QUATRIÈME PARTIE

DES AUTRES INSECTES PRODUCTEURS DE SOIE

En outre de notre ver à soie proprement dit, de celui que nous connaissons et élevons (*Bombyx* ou *Sericaria Mori*), les chenilles d'un grand nombre de lépidoptères, appartenant pour la plupart au même genre ou à des genres voisins, sont douées de la faculté de sécréter comme lui une soie plus ou moins fine, de tisser un cocon plus ou moins semblable au sien. C'est surtout depuis l'apparition de la Pébrine que les voyageurs, les savants et les sériciculteurs se sont occupés de rechercher des espèces nouvelles que l'on comptait conserver exemptes du fléau. Jusqu'à présent, ces essais ont plus profité à la science qu'à l'industrie, et si l'on en excepte quelques rares et hardis expérimentateurs, la généralité de nos éleveurs n'a accepté ces conquêtes nouvelles qu'avec la plus grande insouciance. Les idées et les choses nouvelles ne font chez nous que bien lentement leur chemin.

Nous allons succinctement décrire quelques-unes de ces espèces nouvelles, en indiquant, autant qu'il

14

nous sera possible, les avantages qu'elles pourraient
présenter dans des circonstances données et les
obstacles qui pourraient s'opposer à leur multiplication.

A. *Bombyx Mylitta* (*Bombyx Paphia, Saturnia
Mylitta, Attacus Mylitta*). Ce ver à soie du chêne
de l'Inde (Bengale), où il porte le nom de Bughiz,
paraît avoir été signalé pour la première fois par le
voyageur Tavernier (1676), qui le trouva dans le
royaume d'Assam. Il a été introduit en France pour
la première fois par M. Lamarre Picquot, en mars
1830, sous la forme de seize cocons qu'il offrit au
Muséum, dont trois seulement donnèrent des papillons, malheureusement tous femelles. L'année suivante (1831), il se procura de nouveaux cocons, dont
on obtint des œufs et des chenilles qu'on ne réussit
pas à élever. Ce ver vit au Bengale, sur le Jujubier
(*Rahmnus Jujuba*), sur une espèce de Badamier
(*Terminalia alata glabra*); M. Lamarre Picquot
pense qu'on pourrait le nourrir en France sur plusieurs espèces de Nerpruns, y compris le Jujubier
ordinaire (*Zyziphus vulgaris*), sur le Porte-chapeau
(*Paliurus aculeatus*). La chenille, arrivée à tout son
développement, est longue de 0^m,10, d'un beau vert,
avec une bande dorsale moitié rouge et moitié jaune,
couvrant les trois quarts de la longueur du corps;
le dos est chargé de plusieurs tubercules de même
couleur et surmontés de poils ou soies. Le développement complet de la chenille, de l'éclosion au coconnage, s'accomplit en quarante à quarante-quatre

jours. Lorsqu'elle est sur le point de filer, elle rapproche, d'une manière particulière, par le moyen

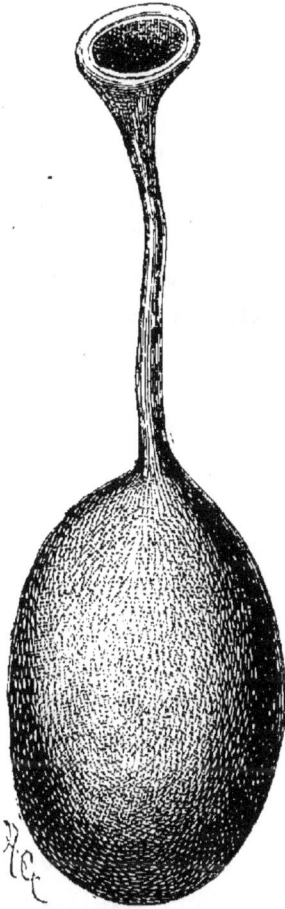

Fig. 32.
Cocon du Bombyx Mylitta
(ver à soie du chêne de l'Inde).

de filaments glutineux analogues à ceux qui revêtent le dehors du cocon, deux ou trois feuilles pour s'en faire une enveloppe extérieure qui leur sert en même temps de point d'appui pour établir le cocon. Celui-ci est porté sur un pédicule plus ou moins cylindrique, d'environ 0^m,05 à 0^m,06 de longueur, de 0^m,002 de diamètre, et toujours un peu courbé dans sa partie inférieure. Sa base forme un anneau complet dont l'ouverture a 0^m,007 à 0^m,009 de largeur, et c'est par cet anneau, dont la branche circulaire est à peu près aussi grosse que le pédicule lui-même, que celui-ci se trouve fixé et soutenu, en entourant exactement et circulairement par cette base une petite branche ou un rameau de l'arbre sur lequel la chenille a vécu.

Le cocon, de la grosseur et de la forme d'un œuf de pigeon, est entouré, comme celui du *Sericaria Mori*, d'une bourre abondante, en-dessous de laquelle se trouve la coque soyeuse proprement dite. Il est d'une couleur grise légèrement roussâtre. La soie qui en provient est assez abondante, d'une finesse moyenne, résistante; les habitants du Bengale en fabriquent un tissu particulier, nommé Tusseh-Doothies, à l'usage des Brahmes et de quelques sectes indiennes, et les étoffes dites Corah qui sont recherchées et atteignent un si haut prix.

Les œufs éclosent en août; les chenilles vivent six semaines sous cette forme; la chrysalide reste durant neuf mois dans le cocon avant de se transformer en un papillon, dont l'existence est limitée à six ou douze jours; enfin, les œufs éclosent vingt à vingt-cinq jours après la ponte. Cet insecte vit à l'état complétement sauvage; les indigènes vont dans les

bois à la recherche des œufs nécessaires aux éducations qu'ils établissent à proximité de leurs de-
meures.

B. *Bombyx Pernyi* (*Attacus Pernyi*, *Saturnia
Pernyi*). Le ver à soie du chêne de la Chine, signalé
d'abord par le P. d'Incarville, puis par M. Tastet,
négociant en Chine, comme vivant à l'état sauvage
dans la province de Su-Tchuen, sur les chênes des
forêts, fut, sur la demande de la Société d'acclimatation, importé en France, en 1855, grâce au con-
cours de Mgr. Perny, chef de mission catholique en
Chine, et aux soins de M. de Montigny, notre consul. Ce ver vit à l'état sauvage en Chine et dans la
Mandchourie, sur deux variétés de chênes, dont
l'une est le chêne à feuilles de châtaignier (*Quercus
Castanæfolia*), et dont l'autre est une espèce à
grandes feuilles découpées, qui ressemble beaucoup
à notre chêne ordinaire; la première se greffe très-
bien en fente sur la seconde. En France, et jusqu'ici, son éducation sur des branches de chênes
coupées et trempant dans l'eau n'a guère donné
que des demi-succès. La soie de ce ver est extrêmement belle, fine, forte et brillante; elle supporte
très-bien la filature et prend bien la teinture.

C. *Bombyx Royleï* (*Attacus Royleï*). Ce ver à
soie du chêne de l'Himalaya a été envoyé à M. Guérin-Menneville par le capitaine Hutton, de Musso-
ree. On sait peu de chose encore des mœurs de cet

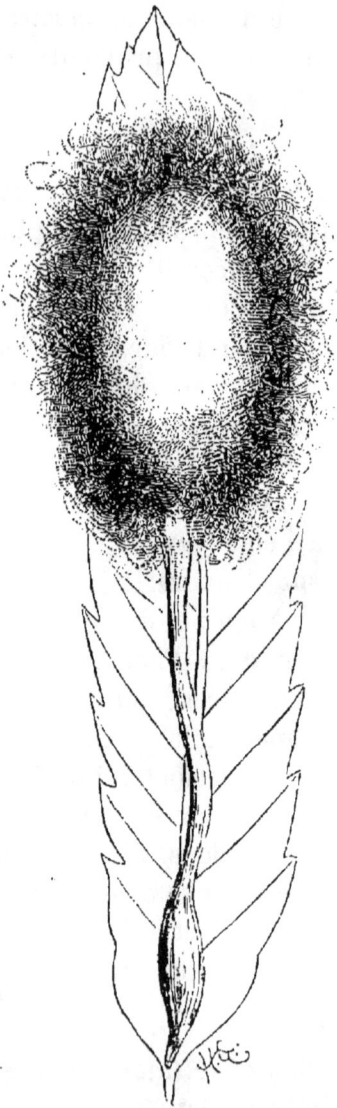

Fig. 33.
Cocon du Bombyx Pernyi
(ver à soie du chêne de la Chine).

insecte et de la possibilité de son acclimatation en France.

D. *Bombyx Polyphemus (Attacus Polyphemus).* Ce ver à soie du chêne de l'Amérique septentrionale a été importé en France en 1863. Il vit à l'état sauvage sur les chênes, surtout à la Louisiane; il file un cocon de médiocre grosseur, renfermé dans une bourre abondante, fournissant une soie très-fine, très-abondante, à peine colorée. On peut le nourrir des feuilles de l'osier, du saule, de l'aubépine, du prunellier, etc. M. Trouvelet, à Boston, l'élève sur une assez grande échelle.

E. *Bombyx Luna (Bombyx Selene-Attacus Luna).* Cet insecte est, comme le précédent, originaire de l'Amérique septentrionale (Louisiane, Caroline, Floride), à côté du précédent, et paraît avoir les mêmes mœurs, la même nourriture, fournir les mêmes produits que lui.

F. *Bombyx Vama-Maï (Bombyx Antherea, Antherea Vama-Maï, Attacus Vama-Maï).* Ce ver à soie du chêne du Japon est connu et exploité depuis longtemps dans ce pays. Dans l'île de Fatsi-Syô, dont les Japonais prirent possession en 1487, l'*Encyclopédie japonaise* rapporte qu'il existe des cocons sauvages des montagnes, servant à fabriquer une étoffe très-forte, qui ne change jamais de couleur, mais qui se refuse à la teinture. Le gouvernement s'est réservé le monopole de cette fabrication. L'insecte

qui produit ces cocons porte le nom d'Yama-Mayou.
C'est en 1861 que M. Duchêne de Bellecourt, notre
consul général au Japon, envoya les premiers œufs
de ce ver en France, au Muséum de Paris. Ces œufs
éclorent en mars, mais on ignorait quelle est la
plante qui sert de nourriture aux chenilles, et une
seule fut sauvée par hasard, fila et se transforma en
papillon, ce qui permit à M. Guérin-Menneville d'en

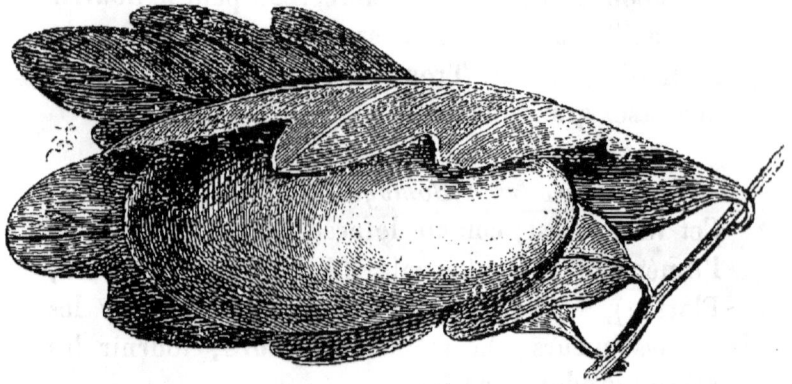

Fig. 34. Cocon du Bombyx Yama maï (ver à soie du chêne du Japon).

déterminer l'espèce et d'en faire la description. En
1863, un médecin de la marine hollandaise, M. Pompe
van Meederwoort, ayant pu se procurer (malgré la
peine de mort qui défendait l'exportation) quelques
œufs d'Yama-Maï, en donna une partie à la Société
d'acclimatation et une autre à M. Guérin-Menneville.
Dès la même année, les œufs distribués par la Société
donnèrent lieu, sur un grand nombre de points de
la France, à trente éducations, dont la réussite fut

très-variable, mais qui produisirent près de 650 cocons. A la suite de ces essais, M. Camille Personnat
organisa l'élevage en grand du Yama-Maï, dans l'Ardèche d'abord, puis à Laval, dans la Mayenne; et, en
1865, il récoltait déjà 20,000 cocons sur 3,000 jeunes
chênes plantés dans un enclos ou sur des branches
coupées et plongeant dans l'eau. C'est à lui qu'on
doit surtout la connaissance des mœurs du Yama-Maï.

Toutes les espèces ou variétés de chênes qui crois-
sent naturellement sous nos climats sont propres à
la nourriture de la chenille. Le *Bombyx Yama-Maï*
se comporte, à peu de chose près, comme le ver à
soie du mûrier, c'est-à-dire qu'il passe l'hiver à
l'état d'œuf, que sa chenille naît au printemps,
change quatre fois de peau, et file un cocon fermé
des deux bouts, et dont le papillon sort au moyen
d'un liquide dissolvant qui désunit les fils; qu'enfin
les papillons pondent des œufs qui passent l'hiver et
n'éclosent qu'au printemps suivant.

La chenille adulte atteint jusqu'à $0^m,095$ de longueur; elle est de couleur verte plus ou moins foncée;
avec une étroite bande latérale jaune, qui vient se
confondre, vers le onzième anneau, avec une tache
brune triangulaire étendue jusqu'à l'anus. Le cocon
est sensiblement plus gros que celui du ver du mûrier; il a environ $0^m,05$ de longueur et $0^m,025$ de
diamètre; renfermant sa chrysalide, il pèse en
moyenne 5 gr. 5, et vide, 0 gr. 70. La chrysalide
adulte est d'une teinte noire assez foncée. Le papillon est très-grand (de $0^m,15$ à $0^m,18$ d'envergure),
la femelle surtout; sa couleur est assez variable,

15

d'un jaune plus ou moins vif et comme doré, a la
teinte cachou, avec des stries angulaires et transversales plus foncées balafrant les ailes, une bordure
d'un gris clair vers le bord postérieur de celles-ci,
et une tache ou œil bordé de jaune, de bistre, de
violet et de noir, à peu près au milieu de chacune
des quatre ailes. Le mâle a des antennes largement
plumeuses; elles sont simplement pectinées avec des
barbes courtes chez la femelle.

Dans l'existence de la chenille, le premier âge
dure environ 13 jours, le second 10, le troisième 11,
le quatrième 14, et le cinquième 17, soit en tout
environ 65 jours. Les papillons sortent du cocon de
30 à 35 jours après le moment où la chenille a commencé à filer, les mâles un peu plus hâtivement que
les femelles. Les mâles ne s'accouplent que dans la
deuxième ou troisième nuit qui suit leur éclosion, et
la femelle ne commence à pondre qu'à la troisième
ou quatrième nuit; l'accouplement ne se fait que
très-rarement dans le jour, et ne dure que deux à
trois heures. La femelle ne dépose pas, comme celle
du mûrier, tous ses œufs sur un même point, elle
les dépose par petits paquets de trois à quatre.

La soie se distingue par une teinte verte très-
claire, qui disparaît au décreusage, devient blanche
et prend bien la teinture, même en nuances claires.
Un peu moins fine que la soie du mûrier, elle l'égale
presque en brillant, en souplesse et en élasticité,
après le décreusage. Il faut, en moyenne, 6,000 cocons, pesant ensemble 13 kilogr., pour obtenir
1 kilogr. de soie grége.

G. *Bombyx Cynthia* (*Saturnia Cynthia*). Ce Bombyx ou ver à soie de l'aylanthe, originaire de la Chine où il vit non pas seulement sur cet arbre, mais aussi sur une espèce de poirier et sur beaucoup d'autres arbrisseaux, a été importé en Italie, en 1858, par le Père Annibale Fantoui, puis envoyé la même année, par MM. Griseri et Colomba, à M. Guérin-Menneville, qui s'est alors voué tout entier à son acclimatation et à sa multiplication. Il a puissamment été secondé par un propriétaire, M. Givelet, qui or-

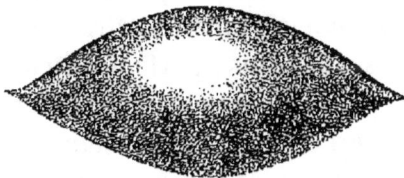

Fig. 35. Cocon du ver à soie du ricin
(Bombyx Cynthia).

ganisa l'éducation en grand du Bombyx de l'aylanthe à son château de Flamboin, auprès de Paris. L'administration du chemin de fer de l'Est, sur les sollicitations des deux zélés vulgarisateurs, fit planter un grand nombre d'aylanthes le long de sa ligne, et, aux environs de Nancy, particulièrement, un espace de six ares produisit, en 1867, plus de 20,000 cocons. M. Guérin-Menneville obtenait une concession de terrain dans le bois de Vincennes, auprès de Joinville-le-Pont, et y fondait une école de sériciculture; des essais de plantations se faisaient simultanément en Champagne, et on avait déjà créé le mot d'aylanticulture. Depuis lors, les insuccès dus aux intempéries des saisons, à la maladie de la pébrine, l'importation plus récente du *Bombyx Yama-Maï,* ont fait sur la plupart des points délaisser le *Bombyx Cynthia.* Il en est resté pourtant un fait fort important au double point de vue de la science et de la pratique, c'est que cet insecte, originaire de la Chine, s'est si bien acclimaté en France, qu'on l'y voit se reproduire à l'état sauvage, non-seulement dans le midi (Agen), mais encore dans le centre nord (Paris).

La chenille adulte du ver de l'aylanthe, qui paraît originaire de la Chine, mais qu'on trouve aussi dans l'Inde, a une couleur jaune verdâtre plus foncée aux segments de ses anneaux, porte des taches bleuâtres à la base des pattes et jaunâtres à leur extrémité. Son corps est couvert d'épines assez longues, assez grosses et assez nombreuses. On peut l'élever en liberté sur l'arbre, ou en chambre sur des rameaux coupés et plongés dans l'eau. Son cocon, de couleur feuille-morte, de forme oblongue, attaché par sa base et à l'aide d'un pédicule à l'axe d'une petite branche, est ouvert par son extrémité postérieure. Dans l'ignorance où l'on était des procédés employés par les Chinois pour utiliser la soie de cet insecte, on crut d'abord que la soie de son cocon était interrompue ; puis on chercha un procédé particulier de dévidage qui paraît avoir été presque simultanément trouvé par madame la comtesse Vernède de Corneillan et le docteur Forgemol. On obtient aujourd'hui de chaque cocon des fils continus ayant plus de 800 mètres de longueur. Trente grammes de graine (une once environ), contenant en moyenne 16,500 œufs, peuvent produire 12,000 cocons, pesant 25 kilogr. et donnant à peu près 2 kilogr. de soie grége. La Chine récolte par année de 1,000 à 1,200 balles de cette soie.

Mais elle n'est pas comparable à celle du mûrier. L'eau bouillante ne suffit point au décreusage, le grèz qui la recouvre ne se dissout que dans une lessive alcaline ; mais dès lors les fils soyeux sont devenus incapables de contracter adhérence entre eux. Le brin est plus gros, moins souple que celui du Bombyx Mori, et ne peut, en outre, être filé comme lui. Il est probable que le meilleur moyen de l'utiliser serait, comme pour la soie du ver du ricin (*B. Arrindia*), de le carder et de le filer sous forme de bourre, ainsi que le font les Chinois et les Hindous, ou peut-être encore de le convertir en fil à coudre.

L'aylanthe ou vernis du Japon (*aylanthus glandulosa*), a été introduit en France vers le milieu du dix-huitième siècle, par des missionnaires en Chine.

M. Givelet commença ses éducations en 1862; en 1864, il avait déjà obtenu 11,423 cocons, et 43,128 en 1866. Il a calculé que sur 75 ares plantés en aylanthe, la dépense d'installation jusqu'à la fin de la troisième année s'élève à 1,292 fr. 10, et les frais annuels à 413 fr. 20 ensuite. Les recettes ne commenceront qu'à la troisième année, où elles seront de 75,000 cocons à 5 fr. pour 100, soit 375 fr.; la quatrième année, de 150,000 cocons valant 750 fr. Sur une surface de 6 hectares, les frais d'installation montent à 3,806 fr., ceux de la 3e, de la 4e et de la 5e année, à 2,850 fr. pour chacune; les recettes sont, à la troisième année, de 600,000 cocons à 5 fr., soit 3,000 fr., à la quatrième et aux suivantes, de 1,200,000 cocons, valant 6,000 fr. Le loyer de l'hectare est compté à 100 fr. 100 kilos de cocons frais contiennent en moyenne :

	VER DU MURIER.	VER DE L'AYLANTHE.
Matière soyeuse	14 kil 624	12 kil 297

100 kilos de cocons frais du mûrier, réduits à 11 kilogr. 135 par la séparation des chrysalides et des peaux de la chenille, et par la perte à la filature, produisent en frisons 2 kilogr. 567, et en soie grége 8 kilogr. 568.

100 kilos de cocons frais de l'aylanthe, réduits à 9 kilogr. 360 par les mêmes causes, produisent en frisons 2 kilogr. 158, et en soie grége 7 kilogr. 216.

Enfin, toujours d'après M. Henri Givelet, un kilogramme de soie du mûrier reviendrait à 48 fr. 70, et le même poids de soie de l'aylanthe, à 33 fr. 25 seulement.

Les bourres de soie sont maintenant une matière tellement recherchée, les progrès de la fabrique donnent à ces produits une telle faveur, que les prix de 2 fr. par kilogramme de cocons frais seraient parfaitement admissibles. La soie de l'aylanthe peut s'appliquer à divers genres d'étoffes et surtout à celles que les bas prix rendent accessibles à toutes les fortunes. « Un tissu fabriqué dans ces con-« ditions, tout aussi fort et plus léger que les pro-« duits similaires en soie du mûrier, pourrait être « vendu à peu près 3 fr. 50; ce ne serait point une « étoffe molle et sans consistance, comme le foulard « de l'Inde, mais un tissu corsé comme ces beaux

« taffetas noirs qui se vendent aujourd'hui de 8 à 9 fr. ». (*L'aylanthe* et son *Bombyx*. — Paris, 1866. Librairie agricole).

H. *Bombyx Arrindia* (*Attacus Arrindia, Saturnia Ricini, Saturnia Assamensis*). Le ver à soie du ricin a été signalé pour la première fois par le docteur Roxburgh ; il est originaire de l'Inde, des districts de Dinajepore et de Rungpore, dans le Bengale et dans le royaume d'Assam ; il y est élevé en domesticité depuis longtemps, et se nourrit des feuilles du ricin (*Ricinus Communis*) ; d'après Roxburgh, il se nourrirait en outre, dans son pays, des feuilles de plusieurs espèces d'arbres (*Laurus Obtusifolia, Tethrantera Macrophylla*, etc.). Il a été introduit en France en 1853. C'est une espèce très-voisine du *Bombix Cynthia*, dont quelques entomologistes le considèrent même comme une variété, mais dont il diffère pourtant par certains points ; dans l'insecte parfait, la couleur blanche de l'abdomen, la forme des ailes, la disposition des ailes supérieures et celle de la bande transversale des ailes inférieures ; surtout en ce que, contrairement à la plupart des autres Attacus connus qui n'ont qu'une seule génération annuelle, les générations au contraire, dans celui-ci, se succèdent rapidement et en toute saison. D'après Roxburgh, on en obtiendrait par an, dans l'Inde, cinq générations de soixante à soixante-dix jours chacune. Aussi, son introduction en Europe a-t-elle exigé des stations, du Bengale à Malte, de cette île en Italie, puis en

France et en Algérie. MM. Milne-Edwards, Vallée, Guérin-Menneville, se sont surtout occupés de son étude et de sa multiplication, difficile et coûteuse en ce que le ricin ou palma-christi est une plante ap-

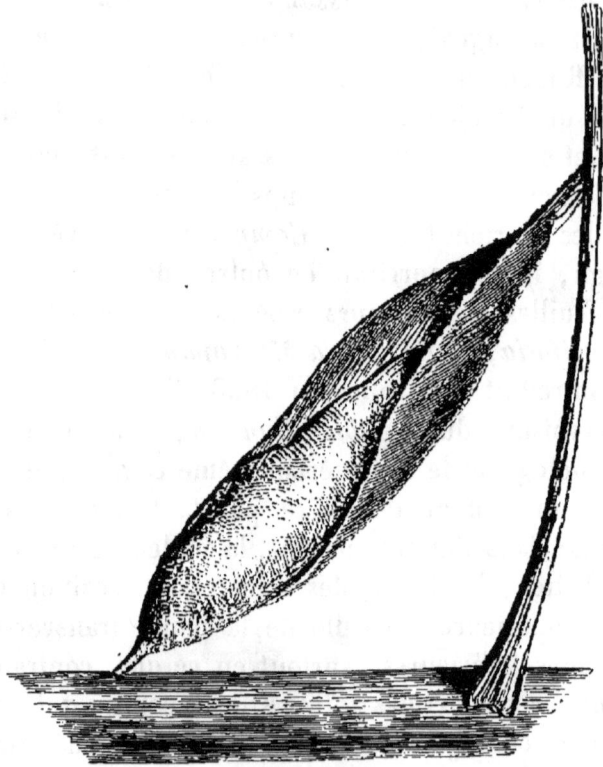

Fig. 36. Cocon du Bombyx arrindia (ver à soie du ricin).

partenant au midi plutôt qu'au centre de la France, où sa végétation est forcément tardive au printemps, où la gelée l'atteint fréquemment, et où d'ailleurs il n'est qu'annuel en pleine terre. Cependant la possibilité de son acclimatation fut bien démontrée.

La chenille adulte est d'un vert pâle, longue de $0^m,06$ à $0^m,08$, subit quatre mues, et file son cocon environ trente jours après son éclosion. Ces cocons ont environ $0^m,05$ de longueur sur $0^m,025$ de diamètre; ils se terminent en pointe à chaque extrémité, sont ouverts comme celui du ver de l'aylanthe, mais peuvent se dévider par les mêmes procédés. La chrysalide, après dix à douze jours, se transforme en un papillon qui vit de quatre à huit jours. La soie a à peu près le même aspect et les mêmes qualités que celle du ver de l'aylanthe. M. Guérin-Menneville a obtenu, par un fait d'albinisme, un cocon blanc dont on aurait pu peut-être tirer race par sélection.

En 1854, auprès de Pise (Italie), M. le professeur Savi, ayant obtenu 300 œufs, constata leur éclosion le 27 mai; sous une température régulière de 23° 7 c., le coconnage commença le 24 juin après l'accomplissement de quatre mues, et il obtint 218 cocons. Le meilleur emploi de cette soie paraît être de la carder et de la filer en bourre pour confectionner des étoffes à bon marché, relativement fort belles, très-solides et à bas prix.

I. *Bombyx Barmengyi* (*Saturnia Barmengyi*). Ce Bombyx est, comme les deux précédents, originaire de l'Inde (Népaul, montagnes de Cachemyre); quelques entomologistes le regardent comme étant, ainsi que le ver du ricin, une simple variété du *Bombyx Cynthia*. Il se nourrit des feuilles d'un

15.

arbrisseau indigène, la *Corriaire du Népaul* (*Corriaria Nepalensis*).

J. *Bombyx Cecropia* (*Attacus Cecropia, Bombyx Didyme*). Ce ver à soie du prunier, originaire de l'Amérique du Nord (États-Unis), fut multiplié pour la première fois en France, en 1840, par M. Victor Audouin, au Muséum; cette première éducation réussit parfaitement; les essais nombreux qui se sont succédé depuis ont été loin d'offrir les mêmes résultats. Le cocon de ce ver, très-gros, de couleur grise, est ouvert comme celui des vers de l'aylanthe, du ricin, etc.

K. *Bombyx Orbignyi* (*Saturnia Orbignyana*). M. Guérin-Menneville a décrit sous ce nom une espèce originaire de la Bolivie, et qu'il dit devoir construire un cocon analogue à celui du *Cecropia*.

L. *Bombyx Atlas* (*Bombyx Gigantea*). Ce Bombyx, que l'on appelait anciennement Phalène à miroirs, est originaire du midi de la Chine, des îles Moluques et de l'Inde méridionale. Il se nourrit des feuilles de l'épine-vinette (*Berberis Asiatica*). Les dimensions énormes de son papillon lui ont valu l'un de ses noms. Son cocon pèse jusqu'à 9 grammes; il est très-riche en soie et probablement employé en mélange avec celui du Bombyx Pernyi dans la fabrication de la soie dite Tussah.

M. *Bombyx Hesperus*. Ce ver à soie de l'oranger, originaire de Cayenne, vit sur les feuilles de l'oranger et du citronnier. Il a été introduit en France par M. Micheli. Bien que dans son pays natal il se montre très-accommodant et se contente de feuilles de chêne, de ricin, ou d'une foule d'autres plantes, on n'a pas encore réussi à le multiplier sérieusement dans le midi de la France ni en Algérie. Son cocon est de couleur écrue pâle. On en a obtenu, à Cayenne, des cocons analogues à ceux du ver du mûrier.

N. *Bombyx Faidherbia* (*Bauhinia*). Ce ver, originaire du Sénégal, a été introduit en France par le général Faidherbe, ancien gouverneur de cette colonie. Il vit à l'état sauvage sur le jujubier. Il est peu connu et peu répandu en France.

O. *Bombyx Religiosæ*. Ce Bombyx, originaire de l'Inde, province d'Assam, appelé par les indigènes ver à soie de Jori, vit des feuilles de figuier des Pagodes (*Ficus Religiosæ*), et peut-être de celles du figuier de l'Inde (*Ficus Indica*). La soie qu'il fournit est très-fine, très-soyeuse et très-douce.

P. *Bombyx Luna* (*Bombyx Selene, Attacus Luna*). Ce Bombyx, originaire de l'Amérique du Nord (Caroline, Floride), vit sur les arbres de la famille botanique des Térébinthacés, sur le liquidambar, mais aussi sur le caroubier, le saule, le prunier, le bouleau, etc. Sa chenille adulte est d'une couleur vert-pomme avec des tubercules rosés. Sa soie est très-fine.

Q. *Bombyx Perrotteti* (*Borocera*). Ce Bombyx, découvert à Madagascar par M. Perrotet, y est domestiqué par les Hovas indigènes, qui l'élèvent sur

une sorte de cytise; la soie en est très-recherchée
par eux, et les chrysalides leur servent d'aliment.
Dans la même île, M. Guérin-Menneville signale
encore le *Saturnia Mittrei*, remarquable par la
longueur de ses ailes inférieures et la grosseur de
son cocon, mais sur lequel nous manquons complétement de renseignements.

R. *Bombyx Speculum.* Ce Bombyx, originaire du
Brésil, y vit en troupes nombreuses, en sociétés, sur
deux arbres très-communs dans les forêts, que les
habitants appellent arbre à lait (*paodo leite*) et rati-
con. La chenille file un cocon de moyenne grosseur,
mais ils sont extrêmement nombreux sur les arbres.
On en peut faire plusieurs éducations dans l'année.

S. *Bombyx Aurota* (*Saturniã Aurota*). Cet insecte, étudié et élevé par le docteur Chavannes, au
Brésil, et que l'on rencontre aussi au Paraguay, y
vit en sociétés nombreuses sur un arbre appelé *Anda
gomesii* et sur le ricin. Son cocon, très-gros, de
couleur grisâtre, donne une bourre très-abondante
et cinq à six fois plus de soie que celui du *Bombyx
Arrindia.*

T. *Bombyx Mimosæ* (*Saturnia Campiona*) est
une magnifique espèce découverte près de Port-Natal,
et que l'on trouve aussi à Madagascar. La chenille
vit en sociétés nombreuses sur plusieurs espèces de
mimosas. Elle donne un cocon de couleur gris ar-
genté, très-gros, très-riche en soie, mais ouvert à
l'une des extrémités. Cette espèce a été signalée dès

1845 à la Société entomologique de Paris par M. Signoret, sous le nom de *Saturnia Campiona*.

U. *Bombyx Rhadama*. Cette chenille, procession-naire de Madagascar, vit à la manière de nos Ypo-nomeutes, en familles nombreuses, sous une grande tente de soie, dont les fils très-forts et presque inal-térables ne peuvent être dévidés. Les Hovas cardent cette soie comme de la filoselle et en font d'excellents tissus. On la rencontre, non-seulement à Madagas-car, mais encore à l'île Bourbon, sur plusieurs plantes de la famille des légumineuses (*Satria Mada-gascariensis, Mimosa Lebbek*). La chenille est d'un gris jaunâtre, avec la tête d'un brun foncé. Le papil-lon, de très-grande taille, a de $0^m,06$ à $0^m,08$ d'en-vergure; il a le corps de couleur jaune foncé et velu, les ailes blanches, argentées, plus ou moins teintées de jaune à la base, les supérieures noires à l'extrémité.

Citons encore, mais citons seulement, pour abré-ger, les Bombyx suivants : *Diego*, un peu plus petit que le *Rhadama*, et du même pays; *Panda*, de Madagascar; *Madruno*, du Mexique; *Psidii*, du Mexique; *Fauvetyi*, du Paraguay, le papillon du Badamier du Malabar (*Terminalia Catalpa*), exposé en 1867 par M. Perrotet; le papillon du *N'dank Parinarium*, du Sénégal; celui de l'*Odien* (*Odina Pectinata*), à cocons percés; des papillons sauvages et producteurs de soie de la République Argentine (San Salvador); le papillon du *Mangium Caseo-lare Rubium* (*Sonneratia Acida*), de l'île d'Am-boine, etc.

En France, le caractère enthousiaste accepte avec empressement la plupart des nouveautés ; mais le moindre revers nous décourage, une importation plus récente nous séduit ; les premiers essais sont abandonnés pour des tentatives nouvelles, qui auront bientôt le même sort. Le Bombyx de l'aylanthe a fait abandonner le Bombyx du ricin, et a été supplanté lui-même par le Bombyx yama-maï.

Il est aisé pourtant de concevoir que sans persévérance il nous sera toujours impossible d'arriver au succès. Jusqu'au jour où un assez grand nombre d'éleveurs se seront appliqués à la multiplication d'une même espèce, il sera difficile que l'industrie puisse sérieusement expérimenter les produits nouveaux, et s'organiser pour leur faire subir les transformations spéciales qu'ils nécessiteront presque toujours.

D'un autre côté, on arguerait vainement que ces tentatives étaient inutiles avant l'invasion de la Pébrine, et qu'elles le deviendront après sa prochaine disparition. Le problème ne consiste pas à remplacer la soie du Bombyx du mûrier, mais bien à obtenir à bas prix des étoffes de soie communes, résistantes et d'aspect agréable ; non pas d'obtenir des soies grèges et filées, mais de belles bourres cardées et filées. Les vers de l'aylanthe et yama-maï paraissent parfaitement répondre tous deux à ce besoin.

FIN

TABLE DES MATIÈRES.

FIN DE LA TABLE.

TRAITÉ

DES

OISEAUX DE BASSE-COUR

D'AGRÉMENT ET DE PRODUIT

RACES — CHOIX — ÉLEVAGE — PONTE — ENGRAISSEMENT
COMMERCE — PIGEONNIERS ET COLOMBIERS
VOLIÈRES ET BASSES-COURS — CHAPONS ET POULARDES
ŒUFS ET VIANDE — PLUMES — ACCLIMATATION

Par A. GOBIN

Professeur de zootechnie et de zoologie à l'École d'agriculture de Montpellier

Un vol. in-18 jésus, orné de 85 figures intercalées dans le texte dessinées par H. GOBIN, gravées par BISSON et JACQUET

1874. — **Prix : 3 fr. 50 [4 fr. franco]**

Ce livre diffère de ceux écrits jusqu'ici sur le même sujet, en ce que l'auteur s'est attaché à y faire une part relativement égale à la théorie et à la pratique. Il ne suffit point de donner des conseils à la fermière, il faut les justifier si l'on veut les voir ponctuellement suivis. Quand on agit, il est bon de savoir pourquoi. La routine suit la tradition, la pratique éclairée se renseigne près de la science.

Une autre distinction a été rigoureusement observée : celle des oiseaux entretenus pour l'agrément et ceux nourris pour le profit ; la basse-cour de l'amateur et celle du fermier.

Dans ce petit Traité, enfin, l'auteur a su rester méthodique, clair, et surtout complet.

PRÉCIS PRATIQUE

DE

L'ÉLEVAGE DES LAPINS

LIÈVRES, LÉPORIDES

EN GARENNE ET CLAPIER

Domestication, Croisements, Engraissement, Hybridation, Produits

Par A. GOBIN

Professeur de zootechnie et de zoologie à l'École d'agriculture do Montpellier

Un volume in-18 jésus, orné de nombreuses figures
intercalées dans le texte.

1874. — Prix : 2 francs *franco*.

Le clapier n'a pas reçu en France tout le développement qu'il y aurait dû prendre, et qu'il a reçu dans d'autres pays. Cela paraît tenir surtout à des insuccès, dont la principale, sinon l'unique cause, se trouve dans l'ignorance des lois d'hygiène qui doivent régir ces petits mammifères. Ce sont ces principes que l'auteur s'est attaché à développer et à justifier par la physiologie et l'observation des faits.

L'élevage, le croisement, l'engraissement, les produits divers des lièvres et lapins, l'union de ces deux espèces pour en obtenir le léporide, ont été traités d'une manière précise, claire et pratique.

PRÉCIS ÉLÉMENTAIRE DE SÉRICICULTURE PRATIQUE, mûriers et vers à soie, production, industrie, commerce, par A. GOBIN. Nombreuses figures dessinées par H. Gobin; in-18 jésus. Prix : 3 fr. 50 *franco*.

L'ART DE CHAUFFER par le thermosiphon, ou calorifère à eau chaude, les serres et les habitations, d'après les physiciens français et étrangers, suivi d'un article sur le calorifère à air chaud; par AUDOT, membre de plusieurs sociétés d'horticulture. SECONDE ÉDITION, abrégée et mise au courant du progrès. In-4° oblong, figures, 3 fr. [3 fr. 30]

— 3 —

LA LAITERIE

ART DE TRAITER LE LAIT
DE FABRIQUER LE BEURRE
ET LES
PRINCIPAUX FROMAGES FRANÇAIS ET ÉTRANGERS

Par A. F. POURIAU

Docteur ès sciences,
professeur à l'École d'agriculture de Grignon, etc.

Ouvrage couronné par la Société centrale d'agriculture de Paris

Contenant 430 pages et 125 figures dans le texte

1872. — Prix : 4 fr. [4 fr. 50 *franco*]

Ce livre est le plus complet de ceux écrits jusqu'ici sur la matière ; car, tout en traitant du *lait*, du *beurre* et des *fromages* au point de vue technologique, il renferme, en outre, un certain nombre de chapitres consacrés spécialement aux questions de *production*, de *commerce*, de *consommation*, de *transport*, etc., de ces mêmes denrées.

Rédigé à un point de vue essentiellement pratique, cet ouvrage renferme la description des opérations et des ustensiles nécessaires à la fabrication du beurre et des fromages dans les grandes exploitations, aussi bien que dans les petites fermes ou les maisons de campagne.

Les encouragements dont cette publication a été l'objet de la part du ministre de l'agriculture, l'appréciation favorable des principaux organes de la presse française et étrangère, témoignent de la valeur de ce nouveau traité.

LA PATISSIÈRE DE LA CAMPAGNE ET DE LA VILLE
NOUVELLE ÉDITION.
1 vol. in-12. — Prix : 3 francs.

HYGIÈNE

TRAITÉ DES ALIMENTS
ET DES BOISSONS

LEURS QUALITÉS, LEURS EFFETS, LE CHOIX QU'ON EN DOIT FAIRE
SELON L'AGE, LE SEXE, LE TEMPÉRAMENT
LA PROFESSION, LES CLIMATS, LES HABITUDES, LES MALADIES
PENDANT LA GROSSESSE, L'ALLAITEMENT, ETC.

Par M. A. GAUTIER, docteur en médecine.

DEUXIÈME ÉDITION
entièrement refondue et considérablement augmentée.

Par M. CHAPUSOT, docteur en médecine.

In-18 jésus de 216 pages et figure gravée (*appareil digestif*)
1872. — Prix : 2 fr. [2 fr. 25]

Cet ouvrage intéressant, écrit dans un style clair et concis, rendra d'utiles services aux jeunes mères, qui y puiseront des conseils pour nourrir leurs petits enfants ; les vieillards apprendront les précautions et les règles qu'ils doivent suivre pour conserver une robuste vieillesse ; les artistes, les hommes d'étude connaîtront l'hygiène la plus propre à sauvegarder la vigueur de leur intelligence et à soutenir leurs forces. Tout le monde saura que le plus ferme soutien de la santé est la tempérance et la modération.

La haute position scientifique que le docteur Chapusot s'est créée comme médecin et hygiéniste, est un sûr garant du succès de ce livre, que consacrent les nombreuses demandes qui nous en sont faites.

LE MÉDECIN DES CAMPAGNES. Traité des maladies que l'on peut guérir soi-même, de celles que l'on doit traiter avant l'arrivée du médecin ; par A. GAUTIER, docteur en médecine. 1 vol. in-12. 2 fr. [2 fr. 40]

PHARMACIE DOMESTIQUE, contenant la préparation des médicaments et l'indication des premiers secours à donner aux malades ; par M. BLANCHARD, pharmacien. 1 fr. [1 fr. 20]

OFFICE

L'ART DE CONSERVER ET D'EMPLOYER

LES FRUITS

CONTENANT TOUS LES PROCÉDÉS LES PLUS ÉCONOMIQUES
POUR LES DESSÉCHER ET LES CONFIRE
ET POUR COMPOSER LES LIQUEURS, VINS LIQUOREUX ARTIFICIELS
RATAFIAS, SIROPS, GLACES, SORBETS, BOISSONS DE MÉNAGE, ETC.

Quatrième édition

Augmentée des descriptions de plusieurs glacières domestiques et économiques
et d'une fontaine à conserver la glace

Par PIERRE QUENTIN

1874. — 1 vol. in-12 avec figures. 2 fr. [2 fr. 25]

Cet ouvrage est complet; il contient les recettes les plus économiques, les plus faciles, c'est le *livre de tous les ménages; il est dédié aux mères de famille.* Toutes les classes y trouveront des recettes en rapport avec les moyens dont elles disposent.

La réputation que M. Pierre Quentin a su acquérir comme gastronome distingué est une garantie de la valeur de son livre, qui est chaque jour l'objet des demandes les plus nombreuses.

BRÉVIAIRE DU GASTRONOME

UTILE ET RÉCRÉATIF

AIDE-MÉMOIRE POUR ORDONNER LES REPAS

DANS TOUT ÉTAT DE FORTUNE

Par l'Auteur de la CUISINIÈRE DE LA CAMPAGNE ET DE LA VILLE.

L'homme ne vit pas seulement de pain
Deutéronome, VIII, 3.
Saint Matthieu, IV, 4.

Un volume in-18 de près de 300 pages.

Un nouveau tirage a permis de porter son prix à

1 franc broché, 1 fr. 25 relié *franco*.

Les journaux chroniqueurs ont annoncé avec des éloges spirituels ce livre comme utile et instructif.

TRAITÉ
DE LA COMPOSITION ET DE L'ORNEMENT
DES JARDINS
avec 168 planches

REPRÉSENTANT, EN 750 FIGURES, DES PLANS DE JARDINS
DES FABRIQUES PROPRES A LEUR DÉCORATION
ET DES MACHINES POUR ÉLEVER LES EAUX

SIXIÈME ÉDITION
Par AUDOT
ex–secrétaire du comité de la composition des jardins
à la Société d'horticulture de Paris.

Prix : 25 francs — [27 francs]

LA NOUVELLE MAISON DE CAMPAGNE,
Jardinage, Économie de la maison, Animaux domestiques;

d'après les documents recueillis et publiés par **M. L. B. A.**,
membre de plusieurs sociétés d'horticulture.

Le jardinage y est traité complétement, depuis la composition
des jardins jusqu'aux détails concernant la place et la CULTURE
PARTICULIÈRE DE CHAQUE PLANTE ou arbre d'utilité et d'agrément.
On n'y a même pas omis des notions de BOTANIQUE HORTICOLE.
La GREFFE et la TAILLE sont enseignées d'après les meilleures
méthodes, aidées de bonnes et nombreuses figures. — 1 volume
in-12 contenant 217 figures. 3 fr. cartonné et 3 fr. 60 c. *franco*.

LA GRANDE CUISINE SIMPLIFIÉE : *art de la cuisine*
nouvelle mise à la portée de tous les cuisiniers et cuisinières,
suivie de la Charcuterie, de la Pâtisserie et de l'Office, par
ROBERT, ex-officier de bouche des ministres de l'intérieur et
de la marine, de l'ambassadeur d'Angleterre, etc. 1 vol. in-8°
avec beaucoup de figures. 3 fr. cartonné. [4 fr.]

LE VIGNOLE DE POCHE

OU

MÉMORIAL DES ARTISTES, DES PROPRIÉTAIRES ET DES OUVRIERS

Sixième édition

CONTENANT LES PRINCIPAUX MONUMENTS D'ATHÈNES

entièrement refondue, corrigée et augmentée d'un

Dictionnaire portatif d'architecture

Par URBAIN VITRY, architecte.

1 vol. gr. in-16, avec 55 planches. Prix, avec le Dictionnaire : 4 fr.

Les planches de ce Vignole sont gravées avec une grande perfection par M. Hibon.

L'ART DE FAIRE

A PEU DE FRAIS

LES FEUX D'ARTIFICE

Par M. L. E. AUDOT.

QUATRIÈME ÉDITION

Augmentée des **NOUVEAUX FEUX DE COULEUR**, des **FUSÉES A PARACHUTE**, et de notions sur la **LUMIÈRE ÉLECTRIQUE**, avec 50 figures. 1853. In-12. 2 fr. [2 fr. 20]

ART DU MENUISIER en bâtiments et en meubles, suivi de **L'ART DE L'ÉBÉNISTE**. Ouvrage contenant des éléments de géométrie appliquée au **TRAIT DU MENUISIER**, de nombreux modèles d'escaliers, l'exposé de tout ce qui a été récemment inventé pour rendre l'outillage parfait; des notions fort étendues sur les bois, sur la manière de les colorer, de les polir, de les vernir, et sur leur placage, par M. PAULIN DESORMEAUX, auteur de *l'Art du tourneur*. Ouvrage orné de 71 planches. Prix : 12 francs *franco*.

16

L'ART
DU TOURNEUR

PAR M. PAULIN DESORMEAUX

Auteur de l'*Art du Menuisier*.

Deux volumes in-12, avec un volume grand in-4°

CONTENANT

36 planches, dont 4 doubles et 2 coloriées

Prix *réduit* : 15 fr. *franco*.

PRINCIPES

DE

L'ART DU TOUR

EXTRAITS DE L'OUVRAGE DE M. PAULIN DESORMEAUX

Par l'Auteur.

1 vol. in-12, avec 6 planches. 2 fr. [2 fr. 50]

Dans cet Abrégé, rien de ce qui est essentiel n'a été omis, et il renferme tout ce qu'il est utile qu'un commençant connaisse.

ART DE FABRIQUER TOUTES SORTES D'OUVRAGES EN PAPIER, ou principes faciles de géométrie enseignés en construisant des petits objets d'utilité ou d'agrément. 3ᵉ édition, avec 22 planches grav. 1 vol. in-18. 2 fr. [2 fr. 25 c.]

ART DE CONSTRUIRE EN CARTONNAGE toutes sortes d'ouvrages d'utilité et d'agrément, avec 8 pl. grav. 1 fr. 50 c.

LE CABINET D'HISTOIRE NATURELLE, formé des productions du pays que l'on habite, avec la méthode de classement, l'art d'empailler les animaux et de conserver les plantes et les insectes; dédié à M. le baron Cuvier. 2 vol. in-18; fig. 3 fr. 50 c. [4 fr.]

ŒUVRE
DE
FLAXMAN
268 PLANCHES
GRAVÉES PAR RÉVEIL
ACCOMPAGNÉES D'UNE NOTICE SUR LA VIE DE CE CÉLÈBRE ARTISTE

et d'une analyse de la *Divine Comédie* de DANTE

8 livraisons format in-4°. Prix : 26 francs.

L'ART DU TAUPIER, ou Méthode amusante et infaillible pour prendre les taupes, par M. DRALET ; ouvrage publié par ordre du gouvernement. SEIZIÈME ÉDITION, corrigée et augmentée de *nouvelles observations très-importantes sur la taupe*. In-12, fig. 1 fr. [1 fr. 15]

HISTOIRE NATURELLE DES ABEILLES, suivie de la manipulation et de l'emploi de la cire et du miel ; par M. FÉBURIER. 1 vol. 1 fr. [1 fr. 20]

MÉTHODE CERTAINE ET SIMPLIFIÉE DE SOIGNER LES ABEILLES pour les conserver et en tirer un bénéfice assuré ; par le même. 2e édition. 1 vol., fig. 1 fr. 25 c. [1 fr. 40]

MANUEL DU CULTIVATEUR DE DAHLIAS, par A. LEGRAND, seconde édition, revue et corrigée par M. PÉPIN, jardinier en chef au Jardin des Plantes. In-12, 36 fig. 1 fr. 75 c. [2 fr.]

LA ROSE, *histoire, culture, poésie* ; par P. L. A. LOISELEUR DESLONGCHAMPS. 1 vol. in-12, fig. 3 fr. 50 c. [4 fr.]
Ouvrage le plus instructif et le plus intéressant de tous ceux qui ont été publiés sur la Rose.

LA PENSÉE, la Violette, **L'AURICULE** ou Oreille d'ours, la Primevère ; histoire et culture ; par RAGONOT-GODEFROY, horticulteur. 1 vol. in-12 avec figures color. 2 fr. [2 fr. 20.]

L'ŒILLET, son histoire et sa culture, par DUPUIS. 140 p. in-32. 1 fr.

LA CUISINIÈRE
DE LA CAMPAGNE

ET DE LA VILLE

OU

NOUVELLE CUISINE ÉCONOMIQUE

PAR M. L. E. AUDOT

AVEC 300 FIGURES, DONT 2 COLORIÉES

In-12 cartonné. — Prix : 3 fr. [4 francs *franco*]
Relié, 4 fr. 25 [5 fr. 25 *franco*]

La 1re édition a paru en 1818, et la 52e en 1874
chacune mise au courant du progrès annuel.

CET EXCELLENT OUVRAGE

A ÉTÉ ADMIS SPÉCIALEMENT

A L'EXPOSITION UNIVERSELLE
DE 1867
Groupe X, Classe 90
II· GALERIE

(Bibliothèque de l'Enseignement donné dans la Famille, la Commune, etc.)

ET CHOISI PAR LE COMITÉ D'ADMISSION
DANS LE BUT DE POPULARISER L'ART DE PRÉPARER
LES ALIMENTS PAR DES MÉTHODES SAINES, AGRÉABLES
ET AVEC LE PLUS D'ÉCONOMIE POSSIBLE.

En vente chez tous les Libraires.

PARIS. TYPOGRAPHIE DE E, PLON ET Cie, RUE GARANCIÈRE,

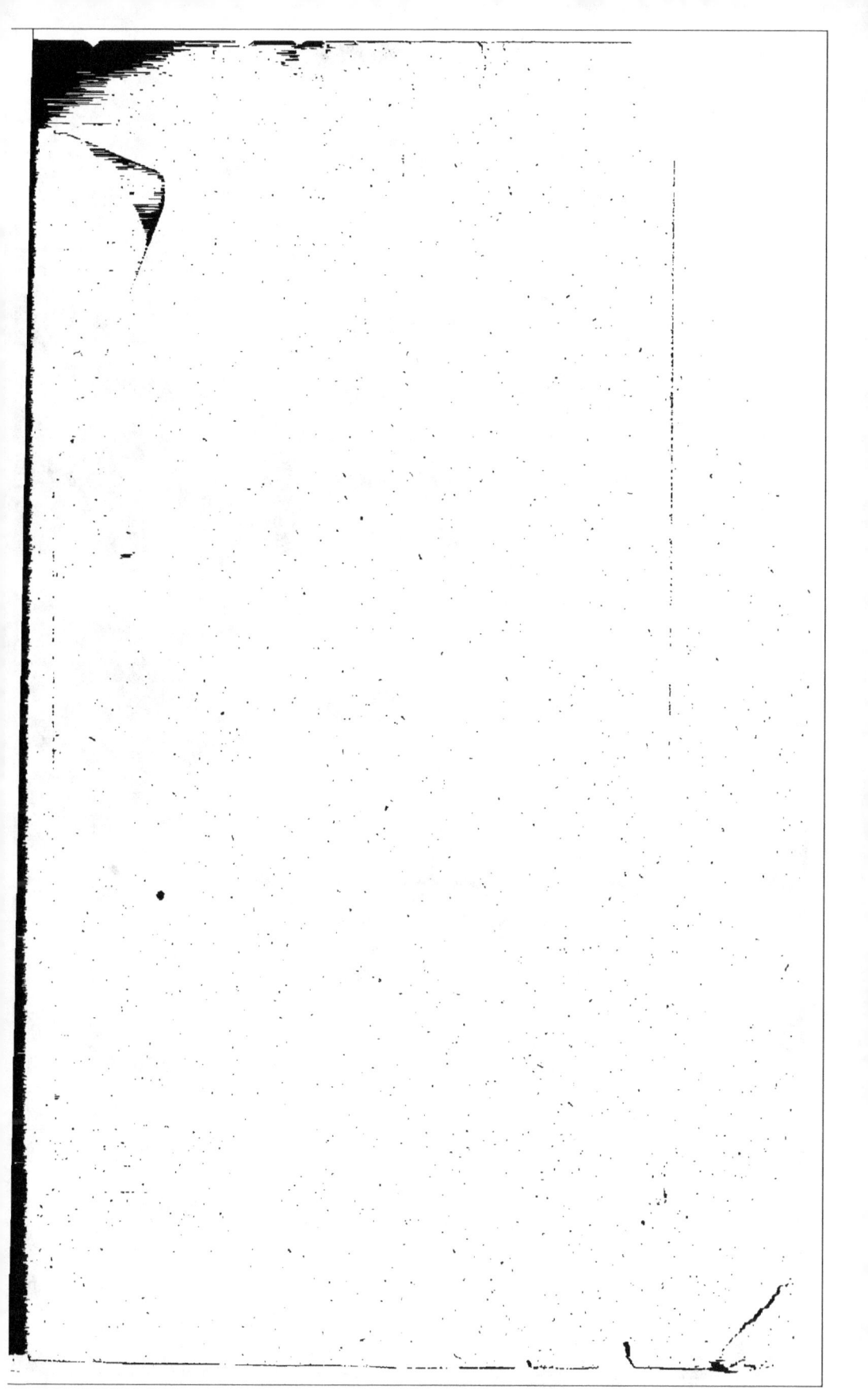

EXTRAIT DU CATALOGUE DE LA L...

Traité des Oiseaux de basse-cour, ... races, choix, élevage, ponte, eng... commerce, pigeonniers et colombiers ... chapons et poulardes, œufs et viande ... professeur de zootechnie et de zoologie à l'École... de Montpellier. Un vol. in-18 jésus, orné de ... dans le texte et dessinées par H. Gobin.

Précis pratique de l'élevage des lapins, ... garenne et clapier, domestication, croisement ... ment, hybridation, produits par A. Gobin, ... technie et de zoologie à l'École d'agriculture ... Un volume in-18 jésus, orné de nombreuses ... dans le texte.

La Laiterie. Art de traiter le lait, de fabriquer ... principaux fromages français et étrangers, par ... docteur ès sciences, professeur à l'École d'agri... gnon, etc. Ouvrage couronné par la Société ... culture de Paris, contenant 430 pages et 175 figures... texte.

Traité des aliments, leurs qualités, leurs effets ... M. A. Gautier, docteur en médecine. 2e édition ... augmentée, par M. Chapusot, docteur en médecine ... in-12. Figures.

L'art du Taupier, ou méthode amusante pour ... taupes, par M. Dralet. Ouvrage publié par ordre ... nement. 16e édition. In-12.

Méthode certaine et simplifiée de soigner les abeilles ... conserver et en tirer un bénéfice assuré, par M. ... 2e édition. Un volume. Figures.

Traité de la composition et de l'ornement ... 6e édition, par Audor. 2 volumes in-4°. 750 figures.

La Nouvelle Maison de Campagne, Jardinage, Économie ... la maison, Animaux domestiques, par L. E. Audot ... lume in-12, 247 figures. Cartonné.

Le Bréviaire du Gastronome, aide-mémoire pour ordonner ... repas, par L. E. Audot. In-18.

L'Art de faire à peu de frais les feux d'artifice, par ... Audot. 4e édition. Volume in-12. 50 figures.

Le Vignole de poche, accompagné d'un Dictionnaire ... d'architecture, par Urbain Vitry, 6e édition. Un ... grand in-16, avec 55 planches gravées avec une grand... tion par Hibon.

La Cuisinière de la Campagne et de la Ville, par L. E. ... 52e édition. Un volume grand in-12, 300 figures, dont ... riées, admis à l'Exposition universelle. Cartonné.

PARIS. TYPOGRAPHIE DE E. PLON ET Cie, RUE GARANCIÈRE...

www.ingramcontent.com/pod-product-compliance
Lightning Source LLC
Chambersburg PA
CBHW070244200326
41518CB00010B/1682